本书为江苏省社科基金项目“江苏地方高校协同创新中大学社会资本作用机制和培育路径研究”（17JYB004）、
江苏高校哲学社会科学重点研究基地重大项目“船舶产业转型升级的方法、路径和对策研究”（2015JDXM025）成果

# 基于共性技术扩散与吸收的创新网络同步的建模与仿真研究

盛永祥　毕　克　吴　洁　陈敏艳　著

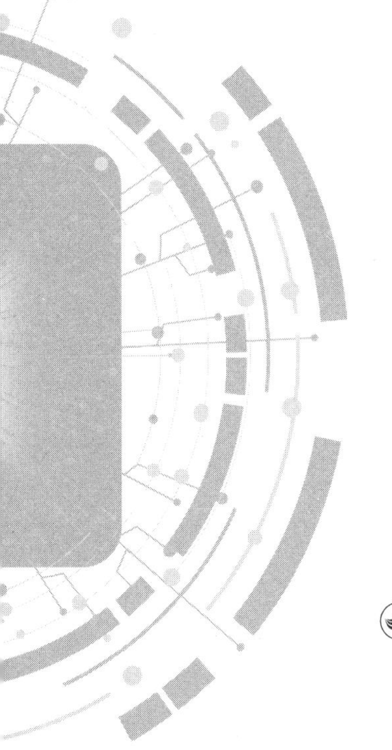

镇　江

**图书在版编目（CIP）数据**

基于共性技术扩散与吸收的创新网络同步的建模与仿真研究／盛永祥等著．—镇江：江苏大学出版社，2019.11
ISBN 978-7-5684-1239-1

Ⅰ．①基…　Ⅱ．①盛…　Ⅲ．①计算机网络－系统建模－研究 ②计算机网络－系统仿真－研究　Ⅳ．①TP393

中国版本图书馆 CIP 数据核字（2019）第 252732 号

**基于共性技术扩散与吸收的创新网络同步的建模与仿真研究**
Jiyu Gongxing Jishu Kuosan yu Xishou de Chuangxin Wangluo Tongbu de Jianmo yu Fangzhen Yanjiu

著　　者／盛永祥　毕　克　吴　洁　陈敏艳
责任编辑／柳　艳
出版发行／江苏大学出版社
地　　址／江苏省镇江市梦溪园巷 30 号（邮编：212003）
电　　话／0511-84446464（传真）
网　　址／http://press.ujs.edu.cn
排　　版／镇江文苑制版印刷有限责任公司
印　　刷／镇江文苑制版印刷有限责任公司
开　　本／890 mm×1 240 mm　1/32
印　　张／6
字　　数／200 千字
版　　次／2019 年 11 月第 1 版　2019 年 11 月第 1 次印刷
书　　号／ISBN 978-7-5684-1239-1
定　　价／48.00 元

如有印装质量问题请与本社营销部联系（电话：0511-84440882）

# 目　录

# 第1章 绪论

## 1.1 研究问题的提出

现代产业的国际竞争已经从市场化阶段的技术竞争向竞争前阶段的技术竞争转移，共性技术作为重要的竞争前技术，为未来特定产品和商业化提供技术基础，创造大范围的潜在应用机会。共性技术是连接基础研究与产品开发的中间技术，是知识转化为生产力的关键，在技术创新链中的地位举足轻重，是行业乃至国家核心竞争力的有力保障，如通信技术和智能制造技术等关键共性技术的研发水平，直接影响航空航天、互联网和机械制造等众多产业的发展。发达国家一直十分重视共性技术的研发，如美国的先进技术计划（ATP）、日本的产业技术综合研究所（AIST）和韩国的共性技术开发计划（GTD）等支持共性技术研发的专项计划和专门机构。而我国在科研机构转制后，一些具有准公共物品属性的共性技术的供给出现"缺位"现象。我国正处于转变经济发展方式的关键时期，"十三五"规划强调实施创新驱动的发展战略，强化科技创新的引领作用，并明确指出要集中支持共性技术的研究与开发。我国工信部发布的《产业关键共性技术发展指南（2015）》指出，共性技术研发是加快提升产业技术的有效途径。

共性技术的扩散和吸收一直是近年来各类行业关注的热点和重点，再加上产学研合作的推进，技术创新网络由开始形成迅速扩张到整个行业乃至整个区域。如今形成的创新网络多以企业的需求为中心，企业的技术需求带动创新网络中其他主体（即政府、科研机构和中介机构等）的各项研究活动，从而引起技术知识在网络中的流动与扩张。技术的实质是知识，共性技术的扩散和吸收实质上就是技术知识在创新网络各个主体之间依赖着固定的路径流动，然后被各主体有效利用，从而进一步提升创新网络技术基础的过程。

共性技术的扩散和吸收连续而缓慢，新技术在创新网络各主体之间传播、推广和应用，对促进科技创新产业化，提升创新网络的自主创新能力、技术水平以及竞争能力具有重要意义。创新网络同步是指技术创新知识在一定的区域网络或者行业中达到一定的平衡和稳定的状态。共性技术的有效扩散涉及创新网络中各个主体的建设情况以及创新程度，各个主体对技术的有效吸收同时又从根本上影响着创新网络同步。因此，共性技术的有效扩散和吸收不仅关系到新技术自身价值的实现，而且对于创新主体的技术进步和经济效益以及创新网络的技术同步都具有重要的作用。

## 1.2 国内外研究现状

### 1.2.1 共性技术的研究现状

最早出现的“共性技术”只是简单地分析一些技术的公共特征，而且多数都是集中于“共性技术”概念研究上。总体而言，一项技术的使用者越多就说明该类技术的应用范围越广，从而也就说明这项技术的共性越强。

国外学者 A. Granberg 把目前的技术变化归结为以生物技术和药学为代表的发现驱动和以信息技术为代表的发明设计驱动两种类型，提出技艺、工程、工业研究、设施和计算五种技术，并涉及共性技术的定义[1]。Nelson 在研究高技术产业及其政策时，也曾经探讨过共性类技术的研究开发组织形式。此后，Coombs 等学者在技术的多产业广泛使用性方面研究了共性技术[1]。美国 ATP 上首次对共性技术进行了明确定义：一种有可能应用到大范围的产品，工艺中的概念、部件，或对科学现象的深入调查。并且认为，一项共性技术需要后续的研究开发来实现商业应用。Freeman 对共性技术做出分析，认为：共性技术的进步影响着一个国家的技术政策及产业政策的规律，它的研究成功程度取决于资源规模的大小及所影响到的公共和私有经济部门，同时也取决于社会的条件、态度以及合适的制度，尤其是国家创新系统[2]。布什政府在 Federal Register 将定义“共性技术”为“潜在的机会”，“可以运用于多个产业的产品或工艺的科学概念、技术组成、产品工艺或者科学调查”[3]。G. Tassey 在回顾了美国 20 世纪 80 年代多项技术政策的基础上，通过模型分析，最早从经济学上公共品的角度分析了技术基础设施的概念，并用经济学的方法研究了共性技术以及技术的不同组成[4]。此外，G. Tassey 还认为共性技术研究的目标是证明有潜在市场应用价值的一种产品或过程的概念，是技术研究开发的第一个阶段，能在进入后续的应用性更强的研发前降低大量的技术风险[4]。也就是说，共性技术研究阶段的任务是概念证明，该阶段始于基础研究成果，止于实验室原型。Pual Lowe 在他的著作《技术管理》中，将共性技术作为一个专门的名词加以解释[5]。斯坦福大学的 Bresnahan 和以色列特拉维夫大学的 Trajtenberg 指出了共性技术的广泛适用性、技术推动性、创新的互补性[5]。此外，日本学者还从技术的影响范围出发使用一套标准来对“共性技术”作出说明：① 产业化前景；② 高技术风险；③ 大量潜在的市场应用；④ 大的预期经济影响[5]。

“共性技术”早在1983年就已经出现在我国的国家攻关技术中。之后，国务院《关于“九五”期间深化科技体制改革的决定》中提到“加强行业共性、关键性技术的研究、开发”，《中华人民共和国国民经济和社会发展第十个五年计划纲要》中也提出“加快开发能够推动结构升级和促进可持续发展的共性技术、关键技术和配套技术”。但是，我国对“共性技术”概念没有形成统一的认识。学术界在20世纪90年代中期对“共性技术”的概念展开过一些研究，而且国内现有的关于“共性技术”的概念都是从技术的影响范围出发的。宋天虎等在《机械工业基础性共性技术》一文中，对机械行业基础性共性技术概念进行了定义，并认为基础性共性技术是由众多专业、学科组成，具有不同研究层次的技术群。他还比较明确地定义了共性技术的组成和作用[6]。吴建南认为共性技术由多个相互竞争的企业共同使用的产业技术组成，是科学知识的最先应用，为私人专有技术提供概念和经验的基础[7]。吴贵生等认为产业共性技术主要是为了提升行业技术的平台竞争力而不是单个企业的竞争力，它是能为产业内大范围应用或能使多个企业共同受益的技术[8]。吴玉广认为先进适用的共性技术的定义的三个标准是技术的先进性、产业特异性以及在产业内被普遍采用[9]。张超提出成立产业技术投资公司的建议，并提到“产业技术投资公司为产业共性技术研发、技术引进和再创新、技术成果转化等一系列过程提供资金支持”[10]。周国红等指出共性技术可分三个层次进行分析，分别为共性技术及核心技术的基础研究、技术的开发及其产业化、技术的渗透和扩散[11]。

### 1.2.2 共性技术扩散模型的研究现状

Haegerstrand率先提出了技术创新扩散的“四阶段”模型。Mansfield提出了基于模仿学习的模仿模型，指出技术创新扩散过程主要是一个模仿过程。模仿是一种主动的学习，当模仿中含有渐进性创新时，便是一种高层次的学习。此外，Mansfield 率先创造性地将“传染原理”运用于扩散研究中[12]。此外，Mansfield 认为技术扩散过程类似于传染病蔓延的模仿过程，如同传染病的传播过程一样，某种病的患者越多，健康人被感染的机会就越大。根据这一思路，运用系统动力学方法构建了传染病模型——SIR 模型，如图 1-1 所示。

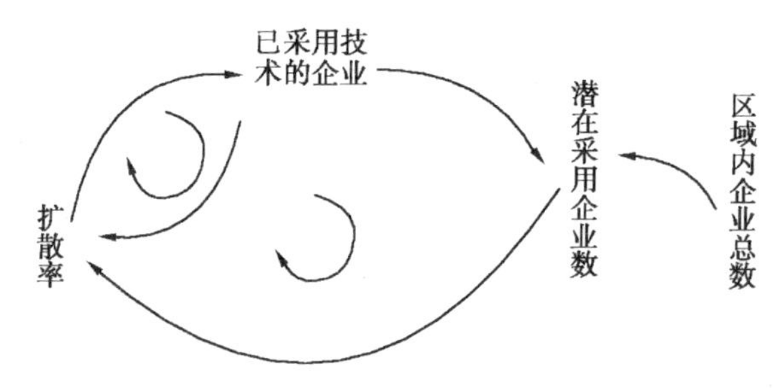


**图 1-1　SIR 模型的反馈因果图**

威尔森用最大熵原理导出了技术空间扩散的一个理论模型。最大熵模型从另一个角度解释了等级扩散的发生条件，并认为技术的空间扩散是有条件的，并非每个区域都能够接收到创新技术的扩散，从而形成了技术扩散空间上的不连续分布[1]。Bass 提出了一种消费耐用品扩散模型，即基本 S 型扩散模型[13]。该模型设 $M$ 为潜在采纳者总数（即市场的最大潜力），$N(t)$为 $t$ 时刻累计采纳创新技术的人数，$p$ 为外部影响系数或称为创新系数，$q$ 为内部影响系数或称为模仿系数。$t$ 时刻采纳创新者数 $n(t)$为

$$n(t)=\frac{\mathrm{d}N(t)}{\mathrm{d}t}=p[M-N(T)]+N(t)[M-N(t)]\frac{q}{M}$$

Bass 模型认为一项技术创新在市场上的扩散速度主要受到创新的内部和外部两方面因素的影响。创新的外部影响主要通过公开的媒介，如广告、报纸等进行，它传播的是产品性能中创新易得到验证的部分，如功能、外形、色彩、价格等。内

部影响是已使用者与未使用者之间的口头交流影响，是使用者对未使用者传递的产品创新性能的信息，如产品可靠性、质量、便利性等信息的传递。Fisher-Fry 提出 Fisher-Fry 模型，这是一个内生变量扩散模型，Fisher-Fry 认为技术替代是两种产品竞争的结果[14]。王伟强依据过程和步骤将技术创新扩散模型分为理论模型、规范模型和实证模型三种[15]。徐玖平等依据宏观与微观将技术创新扩散模型分为速度模型和决策模型两大类[16]。速度模型称为总体或宏观分析模型，也称为 S 型系列模型，是建立在潜在采用者总体扩散率宏观统计行为分析基础上的，反映技术创新扩散速度的时间过程；决策模型称为个体或微观分析模型，是建立在对潜在采用者个体决策对策行为分析基础上的，反映潜在采用者采用行为的决策对策过程，如图 1-2 所示。

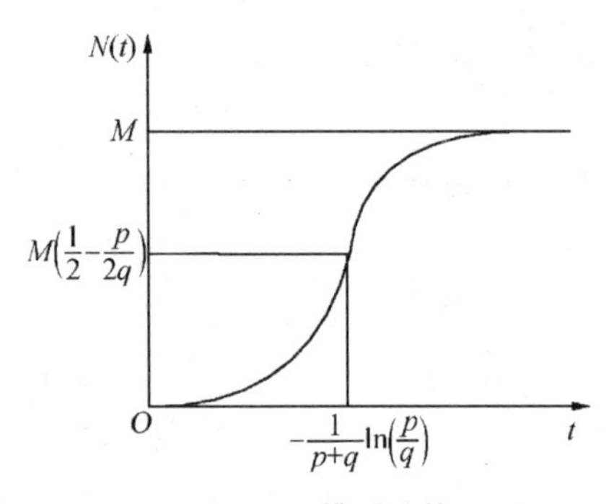


**图 1-2　Bass 模型结构图**

### 1.2.3　共性技术吸收模型的研究现状

Rogers 是最初研究组织技术扩散的学者之一，他研究的创新扩散过程模型是研究技术吸收的最早期模型。Rogers 认为组织中创新扩散包括 5 个阶段：问题识别、匹配、问题再定义/结构重构、明晰化、惯例化[17]。McFarlan 和 McKenney 将 Nolan 的阶段模型与 Schein 的组织学习与变革理论相结合，提出了技术吸收的4阶段模型，即技术识别与投资、学习和调适、合理化与管理控制以及组织技术扩散[18,19]。Meyer和Goes从组织决策行为入手研究组织的技术接受行为，认为组织对技术的吸收过程是一系列的决策—选择过程所组成，具体可分为3个阶段9个步骤[20]，如图1-3所示。

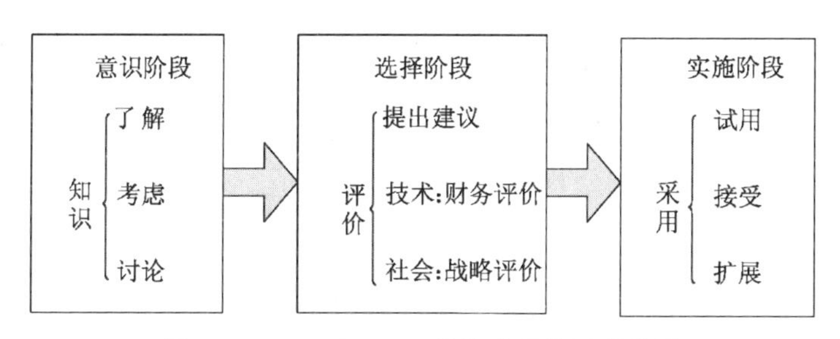


**图1-3　Meyer和Goes的技术吸收过程模型**

Cooper和Zmud认为技术吸收过程在本质上是一种变革过程，因此在基于相关学者提出来的组织变革三阶段模型（解冻—变革—再冻结）的基础上，提出了企业—技术吸收的6阶段模型，即启动、采纳、调适、接受、惯例化与内化[21]，如图1-4所示。

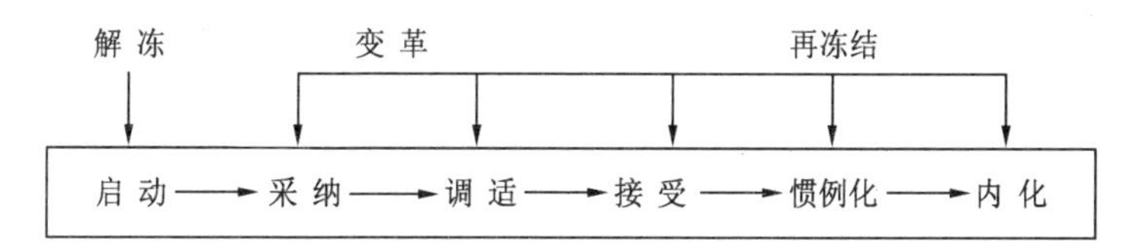


**图1-4　Cooper和Zmud的技术吸收过程模型**

陈文波从知识的角度出发，认为技术的吸收和应用过程是一个组织学习和知识壁垒不断降低的过程，且组织对技术吸收的每一个阶段都有一定的知识存量要求，否则就会出现技术吸收沟壑，影响技术的吸收。陈文波将技术的吸收过程分为6个阶段，即机会扫描、技术购买、技术部署、技术接受、惯例化和内化[22]，如图 1-5 所示。

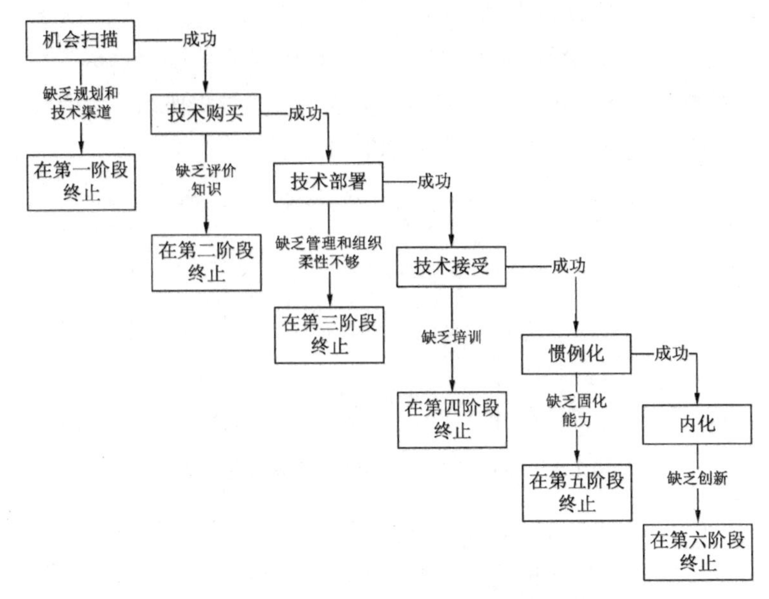


**图 1-5　陈文波的技术吸收过程模型**

周素萍认为技术吸收与吸烟时毒素在体内吸收的过程和原理相似，并用香烟模型来模拟技术吸收过程。她还认为技术吸收过程是一个不断循环直到所有技术创新信息（除了损耗吸收障碍屏蔽的部分之外）都被吸收为止的过程[23]。

从上述关于共性技术吸收的基础模型可以看出，Rogers、McFarlan 和 McKenney、Meyer 和 Goes、Cooper 和 Zmud 以及陈文波等学者研究的技术吸收模型一般包括了组织外的技术扩散过程和组织内的技术吸收过程，周素萍则只是从组织内部知识吸收的角度对技术吸收的模型进行了分析。本书在周素萍研究的技术吸收模型的基础上，采用烟雾过滤模型的原理，从技术需求机构的内部吸收的角度讨论共性技术吸收模型。

### 1.2.4　创新网络的研究现状

Freeman 首次明确提出创新网络的概念，他认为“创新网络”是“在一个企业的互补资产和市场关系中，保持和互惠伙伴之间的一系列的明星连通性，其主要目标是降低静态和动态的不确定性”[24]。Imai 和 Baba 认为创新网络的本质特征是应对系统创新的一种基本的制度安排，是市场和组织之间内部渗透的一种形式[25]。Hakanson 认为网络由行为主体、活动发生和资源三个方面要素组成[26]。Nonaka 和 Takeuchi 认为创新网络是合并了正式与非正式的建于组织内部和跨越组织界限的联结，是获取规范化系统知识、正式报告、软件及隐性知识的工具[27]。Koschatzky 从知识和学习的角度定义了创新网络，后者则把创新网络定义为一个相对松散的、非正式的、嵌入型的、重新整合的相互联系系统，这一系统有利于学习，尤其是隐性知识的交流[28]。吴传荣指出 Harris、Coles 和 Dickson 在定义创新网络时强调了协同作用，他们认为创新网络是由不同的创新活动者组成的合作群体，创新参与者共同参与新产品的创意、开发、生产和销售过程，共同参与技术的开发与扩散，通过相互间的交互作用建立技术与市场之间的各自联系[28]。Jones 认为创新网络是创新行为主体间复杂的互动、交换和联系的创新过程[29]。

吴贵生等提出企业创新网络是创新过程中涉及的企业之间以及个人之间的联系形成的网络。他认为由于创新的复杂性，企业不可能孤立地完成创新，而不得不与其他组织联系起来，以交换和获得各种知识、信息以及其他资源[30]。王大洲认为创新网络是企业创新活动所依赖的网络，即在技术创新活动中围绕企业形成的各种正式和非正式合作关系的总体结构[31]。之后，他又认为创新网络的本质是企业获得创新的资源，进一步提升创新的空间和能力，通过合约或在长期合作的基础上以及使用互联网信息技术与外部组织建立的彼此信任和互惠互利的各种制度安排，是企业在创新活动过程中围绕企业形成的各种正式与非正式合作关系的总体结构。陈新跃等在王大洲研究的基础上提出，互利互惠的创新网络将呈现出信息交流的平等性、彼此合作的长期性、双方利益的互补性、组织开放性和基本属性的多元化特征[32]。刘卫民、陈继祥指出创新网络是企业研发协作关系的发展和深化，它是指在企业在技术创新过程中以企业为中心形成的各种正式或非正式协作关系的总和[33]。沈必扬和池仁勇在 Harris，Coles 和 Dickson 定义的研究基础上认为创新网络把一个创新参与主体间复杂的交互作用、交换和联系的创新过程模式进行概念化，创新网络中不同的创新参与者共同参与创新的相关活动，网络的整体创新能力大于个体创新能力之和，即创新网络的协同效应[34]。

### 1.2.5 网络同步的研究现状

百度百科中对“同步”的解释为“两个或两个以上随时间变化的量在变化过程中保持一定的相对关系”。同步在现实生活中无处不在。举一个直观的例子，国庆阅兵式上列队军人之间的步伐相同和一致就是同步。此外，惠更斯钟摆、青蛙齐鸣、萤火虫的同步发光、航天卫星之间的角度同步、心肌细胞和大脑神经网络的同步、剧场中观众掌声频率的逐渐同步、亿万个发光原子产生的激光同步等都属于同步现象。现在，同步多指在自然科学、社会科学和工程技术中存在的一大类现象：表现为不同的进程对于时间的一致性。在数学上，同步的定义多种多样，有完全同步、相位同步、时滞同步、分群同步、映照同步、预期同步和广义同步等。目前，同步的概念多用于以下几种情况[35]。

（1）编程方面的同步

编程方面的同步就是协同步调，按预定的先后次序进行运行。例如进程、线程同步，可理解为进程或线程 A 和 B 一块配合，A 执行到一定程度时要依靠 B 的某个结果，于是停下来，示意 B 运行；B 依言执行，再将结果给 A；A 再继续操作。

（2）数据库的同步

数据库同步的含义就是让两个或多个数据库内容保持一致，或者按需要部分保持一致。

数据库同步有两种实现方式。第一种是根据数据库的日志，将一个数据库的修改应用到另一个数据库；第二种是分析两个数据库中的内容，找出差异，将差异的部分记录写入对方数据库中。

（3）文件同步

文件同步就是让两个或多个文件夹里的文件保持一致，或者按需要部分保持一致。文件同步通常分为单机文件同步和远程文件同步。同步处理时，扫描分析双方文件夹中的文件，然后进行对比找出有修改或增加或缺少的文件，按需要进行文件传送或删除多余文件，最终使文件夹内容保持一致，或者按需要部分保持一致。

（4）通信同步

在计算机网络中，“同步”的意思很广泛，它没有一个简单的定义。在很多地方都用到“同步”的概念。例如在协议的定义中，协议的三个要素之一就是“同步”。在网络通信编程中常提到的“同步”，则主要指某函数的执行方式，即函数调用者需等待函数执行完成后才能进入下一步。在数据通信中的同步通信则是与异步通信有很大的区别。

（5）复杂网络同步

近年来，网络同步的研究主要体现在复杂网络同步的问题上。比如，一些学者提出用简单的自适应反馈控制器，使不确定的复杂动力网络同步到期望态，并进一步提出了节点动力学含时滞的复杂动力网络自适应同步的全局指数渐进稳定性准则[36,40]；还有学者给出了复杂动力网络的脉冲广义同步和自适应广义同步的充分条件，讨论了影响网络广义同步的因素，指出网络的广义同步过程是从度大的节点向度小的节点扩散[37]；陆君安从数学的角度认为主稳定函数方法是解决网络能否同步以及同步稳定性的强弱问题的一种方法，并认为网络中局部元素的改变会影响到同步稳定性以及同步的整个过程[38]。此外，陆君安还认为同步是一个渐进过程，且实际系统中有许多涉及部分同步、聚类同步、投影同步、广义同步和相同步等问题还有待于进一步深入[38]。陈天平、徐晓明等学者从复杂网络同步控制和稳定性的角度出发对同步进行研究[39]。

### 1.2.6 社会网络联结强度的研究现状

联结强度是对网络内成员间联系特征的反映。在网络联结方面，格兰诺维特（Granovetter）的研究最具代表性和开创性，他在 1973 年发表的《弱关系的力量》一文中通过引入网络“力度”的概念，将联结分为强联结和弱联结两种类型，并提出从互动频率、情感强度、亲密程度和互惠交换四个方面对网络联结的强弱程度进行判定，认为互动频繁、感情投入多、关系亲密程度高并且互惠交换多的联结为强联结，反之，则为弱联结。一些学者认为，强联结关系能够使信息的搜寻更容易。Uzzi[40]指出，强联结会提高企业网络内信息的沟通深度，使强联结的双方通过频繁而且亲密的互动，对对方的背景、技能和经验有较深入的了解，这可以帮助信息需求者在搜寻信息时，迅速地确定信息的来源，并及时向相应信息源提出信息转移请求。我国学者李颖（2008）[41]对组织内跨项目团队的信息交流进行研究，描述了项目团队之间信息交流的动态过程，将该动态过程划分为信息寻找、共享意愿、信息传递和信息应用四个过程，并具体阐述了强联结在这四个过程中的作用，最后指出："组织内成员间的强联结关系不仅能够有效地促使信息沟通意愿的形成，而且更有利于复杂信息的传递。"

一些学者认为，强联结可提高信息沟通和共享的意愿。Ingram 和 Roberts[42]通过对悉尼酒店业的实地调查研究发现，不同的酒店共同分享顾客的信息和其他酒店的经营模式，从而大大提高了悉尼酒店业的服务和盈利水平，这正是由于经理们所形成的一个强联结的网络所致。强联结使双方通过频繁而且亲密的互动，建立起一种良好的合作关系，这种良好的关系不仅可以消除信息拥有者的信息保护意识，在信息交流和共享中表现出较高的开放度，而且可以使信息交流的双方产生更强的帮助和支持动机，从而有利于信息共享行为的发生。西安电子科技大学的邝宁华等[43]学者对企业内部门间的信息交流进行了研究，建立了部门间信息共享的螺旋上升的动态模型，着重分析了强联结在部门间信息转移过程中的作用，最后指出："强联结能够有效克服信息转移过程中的困难和障碍。"由于复杂信息具有内隐性、嵌入性等特点，很难像简单信息那样通过简单地交流进行传递，强联结关系所产生的有效而频繁的互动，不仅能够使信息交流双方了解对方的信息结构和思维方式，还能使双方建立并恰当地运用相互间的共同信息，使得信息源整合，从而提供更容易被信息接收者理解的信息，使信息接收者对复杂而隐晦的信息的理解和吸收更加容易，同时又可以对交流的信息进行深入挖掘，发现创新信息。

但是，强联结也有一定的局限性，强联结关系大多产生于社会特征较为相似的个体或组织之间，其所接触的事物和经历经常是相同的，彼此之间的信息交流也比较充分，所以很难获得新信息；而弱联结分布范围广，跨越不同的信息源，是获取新颖、独特信息的重要途径，另外，可以在信息结构不同的组织之间充当信息桥，对于企业内部差别较大的部门之间的信息交流有很大的优势。国外学者 Hansen[44]通过对企业各部门间信息交流的实证研究发现：相比强联结，弱联结更能帮助部门在与其有弱联系的部门中搜寻自己所需的新颖信息。西北工业大学的杨瑞明、叶金福和邹艳[45]提出了基于团队共享心智模式的社会网络对团队信息共享影响的理论模型，并通过对西安高新技术企业的实证研究发现，相对于联结强度对团队信息共享的直接作用，共享心智模式在其中所起的中介作用更大。学者蔡宁和潘松挺[46]详细描述了联结强度对企业技术创新（即新技术的产生）的影响机制，并对上市公司海正药业三个发展阶段的技术创新特点进行了实证研究，最后得出结论：强弱联结与企业的技术创新（新技术的产生）方式产生不同的影响，强联结通过转移复杂信息促进应用式创新；弱联结通过获取非冗余信息促进探索式创新。浙江工商大学的盛亚和李玮[115]在研究强弱联结对企业技术创新影响的基础上，引入了齐美尔联结（即三个以上的个体之间的联结构成的基本社会分析单元），通过对杭州、苏州和上海等地 306 家企业的高层管理者、总工和研发人员进行实证研究，得出与蔡宁和潘松挺[46]相同结论的同时，表明弱齐美尔联结均对企业探索式技术创新有促进作用，但强齐美尔联结对企业应用式技术创新的促进作用并不显著。

## 1.3 研究意义

### 1.3.1 理论意义

（1）共性技术扩散和吸收程度是区域或行业创新网络技术基础提升的基本体现。技术进步体现于共性技术的扩散和吸收，通过共性技术知识的网络流动，技术需求者所希望的经济效益才能最大限度地发挥出来；共性技术在政府的引导下从科研机构向区域或行业创新网络中的企业、中介机构等主体扩散，实现在创新网络中的广泛运用，提升整个区域或行业的技术水平，从而推动产业的技术升级和社会经济的增长。

（2）以企业的共性技术需求为中心展开扩散和吸收内外两个网络，在理论模型的基础上对共性技术扩散和吸收的各影响因素进行量化，并以此为基础构建创新网络同步模型，即基于共性技术扩散的创新网络同步模型和基于共性技术吸收的创新网络同步模型，从而进一步对创新网络节点与创新网络同步之间的关系进行研究。

（3）运用社会网络分析方法及与该方法相关的软件和可视化工具对企业 R&D 团队内部的信息沟通状况进行研究，通过绘制沟通网络图，了解团队内部信息沟通的方向和路径，从而发现团队中的核心人物和技术专家、信息流动的瓶颈和盲点、相对的信息孤立点，最后针对该团队信息沟通存在的问题提出对应的改善策略与措施，并借此研究说明社会网络对团队信息沟通的作用机制。

### 1.3.2　实践意义

（1）实证研究江苏省电子信息行业共性技术扩散和吸收的现状，对推动和促进江苏省电子信息行业创新网络技术创新性、竞争性以及稳定性有一定的参考价值。通过对共性技术扩散和吸收、共性技术的创新网络及其同步的概念和特征进行界定和梳理，构建模型对共性技术扩散和吸收的影响因素、创新网络节点以及创新网络同步的关系进行分析和挖掘，并以此作为江苏省电子信息行业创新网络同步研究的理论基础。通过调查问卷的形式对江苏电子信息行业共性技术扩散和吸收的情况以及创新网络各节点的需求和作用进行了大致的了解，结合国家统计局和江苏统计局等提供的相关文献以及部分企业的调查资料对江苏省电子信息行业共性技术扩散和吸收的主要影响因素、各网络节点以及创新网络技术信息同步的相互关系进行了分析和阐述。

（2）提出企业 R&D 团队信息沟通网络建模方法，通过收集 R&D 团队内成员间的沟通关系资料，从社会网络视角对共性技术 R&D 团队信息沟通状进行定量研究，并对社会网络密度及网络中心性两项主要评价指标进行改进，将其推广到考虑沟通强度及信息传播方向的加权有向沟通网络中，使中心性指标能更准确地测度加权网络中结构洞的状况。

（3）运用社会网络分析方法在共性技术 R&D 团队沟通网络中的应用，可以帮助我们了解整个 R&D 团队内部信息沟通和共享的状况及存在的问题，并以此为依据采取相应措施改善团队内部信息的交流，促进信息共享、提高团队效率，从而为共性技术 R&D 团队的管理实践提供相应的技术、方法和理论。

# 第2章 预备知识

## 2.1 共性技术的概念和特性

### 2.1.1 共性技术的概念

共性技术是一种基础性的技术，应用范围广，涵盖的内容也相对复杂，所以国内外学者对共性技术的概念尚未形成统一的概念，一直处于“仁者见仁，智者见智”的状态。

美国国家标准和技术研究院对共性技术进行了如下定义：共性技术是一种有可能应用到大范围的产品或工艺中的概念、部件或对科学现象的深入调查。布什政府在 Federal Register 中对共性技术做如下定义：共性技术是存在潜在的机会，可以在多个产业中广泛应用的产品或工艺的概念、构成、产品工艺或科学调查[1]。经济学家 G. Tassey 在回顾了美国 20 世纪 80 年代多项技术政策和通过模型分析的基础上，将共性技术定义为建立在科学基础和基础技术平台之上的，具有产业属性的技术[1,2]。

我国学术界在 20 世纪 90 年代中期开始对“共性技术”概念展开一些研究。1994 年，宋天虎提出“基础性共性技术”，他认为基础技术的研究层次从应用基础研究、应用研究及至试验开发均有分布。吴建南指出共性技术由多个相互竞争的企业共同使用的产业技术组成，是科学知识的最先应用，为私人专有技术提供概念和经验的基础。吴贵生、李纪珍指出共性技术主要是为了提升行业技术的平台竞争力而不是单个的企业竞争力，它是能为一个区域内大范围应用或能够使多个企业所共同受益的技术[5,8]。李纪珍则将共性技术定义为：在很多领域内已经或未来可能被普遍应用，其研发成果可共享并对整个产业或多个产业及其企业产生深度影响的一类技术[5]。马名杰等指出共性技术是一种能得以广泛应用于一个或多个产业中的竞争前阶段的技术[116]。鲍健强、陈玉瑞提出共性技术与其他技术进行组合后在多个产业领域中得以广泛应用，能对多个产业或者一个区域的技术基础产生深远的影响，是产品商业化的前技术基础，是不同专有技术共同的技术平台[117]。

从以上国内外研究分析中可以看出，国内外早期的共性技术研究主要从产业技术链分析，对共性技术做出了一些定义，但至今也没有对共性技术形成统一的界定。有学者从研究阶段出发对共性技术进行定义（G. Tassey 等），也有学者从影响范围出发对共性技术进行定义（李纪珍等）。但是不管怎样定义共性技术，抓住共性技术经济和社会效益大、影响面广的特点，支持共性技术研究并将其作为一种政策工具已经成为各国提高整体技术水平的重要手段。因此，本书将共性技术定义为一种能够在一个或多个产业中得以广泛应用的，处于竞争前阶段的技术。

### 2.1.2 共性技术的特性

共性技术是广泛运用型的技术，不属于私人产品领域的技术，不为任何公司或企业专属。共性技术的特性主要体现在以下几个方面：

第一，基础性。共性技术的基础性主要是指共性技术属于基础性研究的技术，是为技术吸纳者进行后续技术开发的基本手段和技术支持，是一种平台技术。另外，共性技术的基础性特征也决定共性技术的公共产品属性。

第二，外部性。共性技术的研发主体并不能独占共性技术成果及其带来的全部收益，共性技术必须扩散或溢出到相应的领域为有需求的技术机构服务，最终为社会所公有。共性技术用途广泛且兼具多学科研究能力的特点，由于成本和风险要素的影响，单个企业不愿意或很少投资于共性技术研究，但若完全依靠市场机制，会导致共性技术研究的投入严重不足，所以共性技术的外部性也决定着共性技术的研究是一个公共性的任务。

第三，集成性。共性技术涵盖多产业部门所涉及的技术，共性技术成果也会凝聚着多学科的知识。整个产业甚至整个区域相关产业技术水平随着共性技术的水平提高得到提升。此外，共性技术也会因其他产业技术进步的扩散效应而得到有益的发展。例如，信息技术和生物技术等之间互相关联和交融形成生物信息技术等。

第四，开放性。共性技术是专有技术得以提升的基础平台，是为一个区域或多个产业的研究机构、企业等服务的，从而体现出共性技术的开放性。产业共性技术的开放性直接决定其应用的深度和范围，也决定其是否能真正达到实用化，真正使之转化为现实生产力。

第五，资源共享性。共性技术成果被产业内多个企业、研发机构共享，从而发挥其基础性作用，提高产业或区域的平台技术水平。例如，发动机技术应用于汽车、发电机等多个产业；超大规模集成电路广泛应用于计算机、通信等与信息有关的产业。

第六，层次性。从应用范围看，共性技术成果是多个产业的或一个产业的共同应用产品；从产品的属性看，共性技术或为纯公共产品或为准公共产品。共性技术的层次性就体现在不同的共性技术作用和应用范围以及公共属性程度的差异上。

## 2.2 共性技术扩散的概念、特征及过程

### 2.2.1 共性技术扩散的概念

共性技术扩散的实质是将创新知识扩散到需要者的手中，因此共性技术扩散也是一种技术创新的扩散[43,44]。技术创新扩散的概念已有许多学者进行了研究，得出结论不尽相同，但是却有着一般的特点：供给物——创新技术成果；接受方——创新技术模仿者或创新技术成果推广应用者；传播渠道——市场或非市场的渠道。然而，技术创新可以是共性技术创新，也可以是专有技术创新，基于共性技术的基础性、外部性等特征，结合技术创新的概念来理解共性技术扩散的概念，即：共性技术扩散是指共性技术通过与之相应的通道在创新网络中各主体之间进行普及，并且随着时间的推移在空间中实现转移。

在上述的概念理解中，涉及技术转移的概念理解，同时也联系到技术扩散与技术转移是否一致的问题。技术转移是指技术在国家、地区、产业内部或之间以及技术自身系统内输出与输入的活动过程，包括技术成果、信息、能力的转让、移植、引进、交流和推广普及。但是技术扩散和技术转移是有区别的，如技术的扩散属于无意识的，而技术转移是有意识有目的的；技术扩散的接受方一般不只一个，而技术转移一般只有一个接受方等。

因为共性技术属于某一个产业或一个区域的基础平台技术，在扩散过程中会有一定的目的性，应尽量保证技术信息的完整性，不会因扩散损失而导致共性技术扩散的不均衡。其次，共性技术应用范围广而杂，而且涉及产业较多，其技术基础性也让共性技术更容易模仿，不同于共性技术转移的保密性强，因此本书使用“共性技术扩散”的概念，不称“共性技术

转移”。尽管二者存在差异，但本书中“技术扩散”更偏重“技术转移”的概念理解，其差异也不影响本书的研究。

共性技术处于基础知识向技术知识过渡的阶段，具有基础知识和技术知识的特征，是一种准公共产品，共性技术扩散过程知识在创新网络中的扩散与共享过程。知识又分为基础知识和技术知识。基础知识是对本质规律的认知知识，其应用范围广且周期较长，属于公共属性知识，通过政府对科技创新的调控，建立国家创新体系为社会提供公益性的科学知识。而技术知识是应用型知识，不仅限于生产技术，凡是能导致技术产品发展改变的创新知识都属于技术知识，如组织技术、管理技术等。技术知识可以通过内化而成为技术人员掌握的一种技能，也可以转化为提高技术性能的工具，成为物的知识。共性技术的成功扩散需要基础知识与技术知识相结合，才能真正起到扩散带来的积极效应。

2.2.2 共性技术扩散的特征

(1) 共性技术扩散的知识传播特性

共性技术的基础性和知识性决定了共性技术以知识传播的方式进行扩散的特征。它的专利虽然受到保护，但是其创新知识扩散的限制程度远没有专业技术强，共性技术没有垄断利润的获得，它的扩散往往会引起市场失灵。共性技术与一般科学知识相同，具有共享性和知识产权的公有性，共性技术的最终目标是让知识以最快的速度、最好的质量扩散到一切相关领域，从而有利于快速提高相关产业的平台和夯实产业的基础。共性技术的扩散方式与科学知识传播方式一样，都是以技术信息为内容，可以通过编程语言等方式为需求者共享。

(2) 共性技术扩散的独特网络特性

由于共性技术的外部性，决定了共性技术的创新网络不是建立在专利技术推广的基础上的。共性技术创新网络中技术扩散是以共性技术源为中心，向周围相关专业领域按关联程度逐一扩散，随着技术扩散周期的推进和技术密切度由高到低的递减，共性技术扩散速度逐渐下降，但共性技术影响程度却逐渐明显化。共性技术扩散对创新网络的影响程度因技术源与网络中各主体的关联度的大小而不同，共性技术创新网络中节点之间的关系密切度大小所产生的网络效应比专有技术扩散能带来更大的经济和社会效益。

（3）共性技术扩散的政府干预性

由于共性技术基础性和公共性的特征，它的扩散和吸收往往会引起一个区域或行业的创新网络发生更新换代的变化，造成产业结构改变等，甚至会影响区域或行业的整体实力增强，因而引起政府的高度重视。此外，共性技术的平台性使得共性技术的扩散很容易引起市场失灵，所以政府的政策推广是缓解这种情况的有力手段。

（4）共性技术的扩散与研发方式相关联

技术研发方式主要有两类，即竞争性研发和合作研发，共性技术研发多属于合作研发。合作研发又分为整个产业进行合作研发和产业内部分企业进行合作研发。目前，共性技术的主要研发方式为产业内部分企业进行合作研发，即研发联合体，因为它能够降低联合组织内各企业的投入和风险，又可实现新技术在创新网络中的快速扩散和共享。共性技术扩散与其研发方式有关，比如研发合作主体间的技术信息流动可以是各主体间的共享，也可以是其向网络外部的信息外溢。

### 2.2.3 共性技术扩散的过程

共性技术扩散具有一般技术扩散的特征与规律，却又有不同之处。其中，共性技术扩散的高网络性、高关联性和高政策干预性是其区别于其他技术扩散的本质特征。

共性技术扩散是一个较为复杂的技术扩散过程，也是一个系统的技术与经济结合的过程，共性技术扩散的过程与一般技术扩散的影响因素相类似，都与技术本身性质、技术扩散速度、时效性以及技术扩散所处的区域有关。与一般技术扩散的不同之处在于，由于共性技术的市场失灵，政府在共性技术的扩散过程中常常起着非常关键的推动和促进作用。

从图 2-1 可以看到，共性技术的扩散是在一定的区域内进行的，共性技术以知识、产品或经验等形式从创新源向相关企业和产业扩散，并随着潜在采用企业向采用企业的转化，扩散率逐渐提高，扩散带来的成效也会逐渐显现。此外，政府的财政以及税收支持也影响着共性技术的扩散过程。在共性技术扩散过程中，各要素相互作用、相互影响，任何一个要素发生变化都会影响到共性技术的扩散率的高低，同时也决定着共性技术扩散的深度和广度。

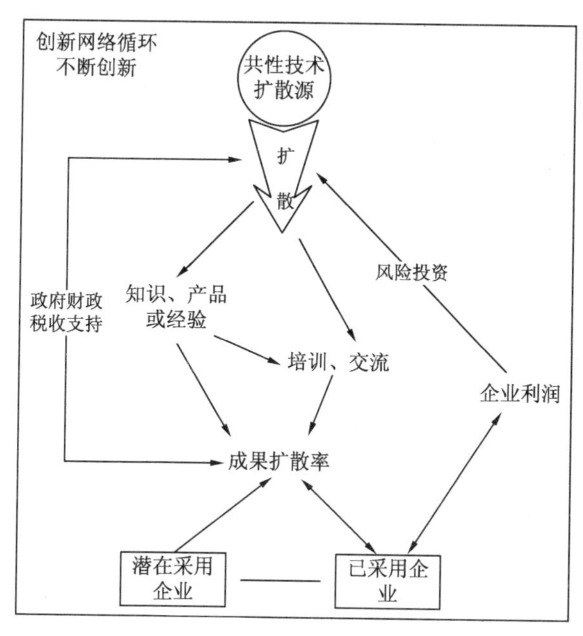


**图 2-1　共性技术扩散的过程**

## 2.3 共性技术吸收的概念、特征及过程

### 2.3.1 共性技术吸收的概念

对于“吸收”的英语词源“Assimilation”，Merriam-Webster 在线词典给出的解释之一是“被融合进群体的文化、风俗习惯或者道德观念等”。Fichman 将“吸收”定义为“技术被阻止发掘、购买和部署的过程”；Ravichandran 将“吸收”定义为“吸收是一个过程，包括：启动，组织第一次知道存在这种技术；购买，组织做出投资购买决策、技术接受、使用和制度化。”百科名片对“吸收”做了如下 4 种解释：① 物体把外界的某些物质吸到内部；② 接纳、接受；③ 机体从环境中摄取营养物质到体内的过程；④ 物质从一种介质相进入另一种介质相的现象。从“吸收”的概念可以总结得出，吸收是一个过程，并且是一个具有一定层次性的过程。

学者们对于技术信息的吸收也是从过程方面来进行定义的。例如，Meyer 将创新信息吸收定义为如下 3 个子过程：① 启动，组织中个体首次知道存在某种技术；② 购买，吸收机构做出技术购买决策；③ 技术可能会被接收方全部接受、使用和制度化[20]。黄丽华、陈文波等认为技术信息吸收是信息技术与组织相互融合的过程，它包括 6 个子过程：① 机会扫描；② 技术购买；③ 技术部署；④ 技术接受；⑤ 技术惯例化；⑥ 技术内化[22]。同时指出，并非所有的组织信息技术吸收行为都可以完成上述 6 个子过程，在某些情况下会出现技术信息吸收中的不连续现象或“吸收沟壑”，即技术吸收机构可能在某个子过程或两个子过程之间停滞不前。Roger 和 Lorenzo 等学者从机构内部技术信息的扩散过程对技术信息的吸收进行定义“组织机构在一种用户环境中扩散某种技术的努

力过程”“技术在组织内部的传播过程”[17,20]。

因此，根据上述的技术信息吸收概念研究来看，技术信息价值的发挥是一个渐进的过程，大致经过投资、购买—部署、实施—最终接受—成为组织能力三个大的阶段，技术的价值也是随着过程的深入以及信息在用户内部的扩散程度而逐渐凸显。综合这两点，可以从过程方面来定义共性技术吸收。

所以，共性技术吸收可以概括为共性技术被技术接收方识别接受后并实行有效的内部扩散，通过培训等手段克服技术信息的吸收障碍，最终将共性技术创新与机构原有技术相融合的过程，也是一个隐性知识向显性知识转化的过程。

### 2.3.2　共性技术吸收的特征

从共性技术吸收的概念可以看出，共性技术吸收的实质是隐性知识显性化。共性技术信息被技术需求方识别后并不能马上为之所用，而是要经过有效的学习和扩散，慢慢适应之后，才能使共性技术的创新融合在接收机构中，才能实现技术引进提高平台的目的。依据吸收的概念以及共性技术的知识本质，可以将共性技术吸收的特征总结为以下几点。

（1）渐进性

共性技术的吸收是一个动态过程，包含技术信息被组织识别到技术支持组织的创新性应用等一系列过程。在这个过程中，共性技术吸收过程中的知识转换遵循知识显性化的原则，而隐性的共性技术知识要经过一系列的内化外化的渐进性过程成为显性化知识，即技术接收方容易吸收和接纳的知识形式，然后渐渐地有次序地被接收方内部吸收，而不能一次性将所有技术信息进行消化和吸纳。

（2）路径依赖性

共性技术是否有效被吸收是由技术接收方内部的技术知识存量决定的。这是因为，共性技术是基础性技术，跟技术接受机构的原有技术有着密切的关联，共性技术创新知识的增加依赖于技术接收方内部组织的知识的原有量，如人力资源、自我创新能力等，这就是共性技术吸收所表现出来的路径依赖性。

（3）中断性

共性技术具有公共属性，多数技术接收机构不愿意单独对其进行研究。因此，任何一个接收机构对共性技术进行吸纳时都要进行一定的风险评估以免成本过大。此外，共性技术的复杂性让其吸收的难度也有所增加，一般情况下，共性技术吸收的过程分为风险评估、技术购买、技术部署、技术接受、惯例化和内化六个阶段，但是共性技术的吸收并不一定经历所有阶段，也有可能因为技术接收机构的能力不足而中断共性技术的吸收，比如缺乏项目管理与组织变革知识就会导致技术部署阶段与技术接受阶段的中断；组织内部缺乏技术固化能力就会中断技术惯例化和内化的阶段。

（4）周期长

共性技术的基础性决定了它的复杂性，在共性技术的吸收过程中，基础技术的创新要与原有专有技术相融合需要较长的时间，因为技术接收方的原有专有技术在接纳新的基础技术时并没有发生改变，而是在新的共性技术基础上慢慢变化，慢慢地适应新的技术，甚至需要变动原有技术中的某些核心要素，这样的话就会影响技术接收方的产出绩效和利润收益，因此，在吸收共性技术时，接收机构并不能像采纳其他专有技术一般直接将产业链增加或者改进，而是要以共性技术的创新为基底慢慢改进自身技术，最终容纳共性技术，从而提高自身的平台。

### 2.3.3 共性技术吸收的过程

共性技术的吸收关系整个网络技术创新的进度、广度和深度。由于不同技术吸纳者的技术吸收能力和技术储备能力不同，从而导致创新网络中各吸收主体之间共性技术的吸收落差。

在以往技术信息吸收过程的研究中，很多研究者将技术信息的吸收划分成一系列按顺序发生的事件，通过对各个独立事件的考察来探讨技术是如何逐步与组织融合的。例如，Rogers 提出的创新扩散 5 阶段模型、McFarlan 和 Mckenney 的 4 阶段模型、Meyer 的 3 阶段模型以及 Zmud 等提出的 6 阶段模型。

研究共性技术吸收的过程主要是从知识转换的角度进行研究的。共性技术信息在被扩散的过程中逐步从隐性知识向显性知识过渡和转换，但是在被技术吸纳机构识别后，共性技术的显性化过程才真正明朗起来。共性技术在被技术机构吸收之前多处于隐性阶段，一般是被吸收能力较强的机构吸收利用后，然后被其他技术需求者模仿，从而扩大共性技术的吸收范围，相对减少了共性技术吸收过程中的重复性吸收难题。因此，共性技术的吸收过程遵循隐性知识显性化的过程，但是无论吸收能力好坏，技术需求者对共性技术的吸收过程基本类似，只是吸收周期长短的问题。共性技术的吸收与扩张如图 2-2 所示。

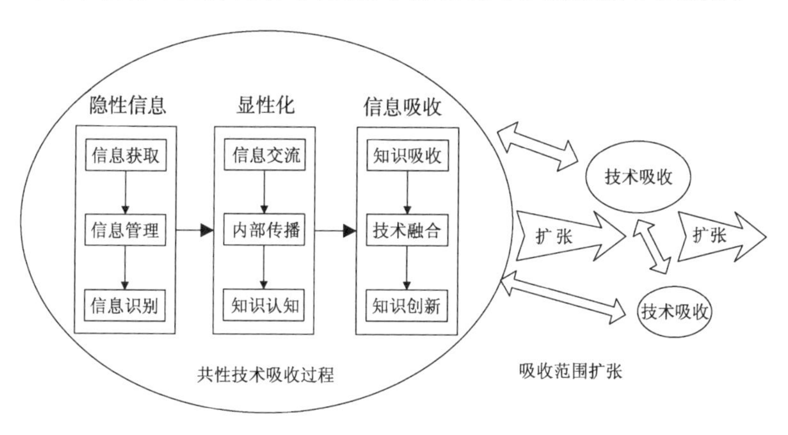


**图 2-2　共性技术的吸收与扩张**

## 2.4 模型的预备知识

### 2.4.1 SIR 模型

1927 年，Kermack-MacKendrick 建立了经典仓室模型，将所考虑地区的总人数划分为三个类型[47-54]：① 易感者（Susceptible）类，其所占比例记为 $S(t)$，表示 $t$ 时刻对疾病不具有免疫力的未染病但有可能被疾病感染的人数比例；② 感染者（Infective）类，其所占比例记为 $I(t)$，表示 $t$ 时刻已经被疾病感染并且具有传染力的人数比例；③ 移出者（Removed）类，其所占比例记为 $R(t)$，表示 $t$ 时刻已经从感染者中移出的人数比例，并且该类人群都具备免疫能力，不会重复感染。

$N$ 是总人口数，假设 $N$ 不变且足够大，$S(t)+I(t)+R(t)=1$。在建立 SIR 模型时通常满足以下假设：① 因为 $N$ 足够大，所以可以认为 $S(t)$、$I(t)$、$R(t)$ 均为连续变量，并且可微。② 当考虑人口的出生和死亡时，通常认为出生率和死亡率相同，记为 $d$，人口的平均寿命为 $\frac{1}{d}$。③ 类人数均匀分布，疾病的传播方式为接触性传播。假设每个感染者每天有效接触的平均人数是常数 $a$，$a$ 称为日接触率。当病人与易感人群有效接触时会使易感者成为感染者，则 $I$ 类成员与 $S$ 类成员的接触率为 $aS$，即每个感染者每天可以使 $aS(t)$ 个易感者成为感染者，因为感染人数为 $NI(t)$，所以每天共有 $NI(t)aS(t)$ 个易感者成为感染者。④ 感染者恢复健康的恢复率，即感染者退出传染系统的概率为 $\gamma$，$\gamma$ 正比于 $NI(t)$。当考虑死亡率时，一个感染者的平均传染周期为 $\frac{1}{d+a}$；当不考虑死亡率时，一个感染者的平均传染周期为$\frac{1}{\gamma}$。SIR 模型如图 2-3 所示。

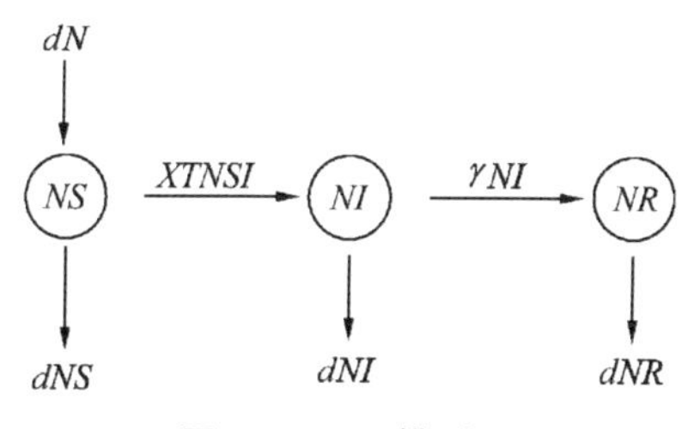


**图 2-3　SIR 模型图**

因为传染病引起的人群感染要么病症消失，所有感染者恢复健康，要么此类病症发展成为地方病，因此结合实际情况对 SIR 模型进行分析时需要引入另一个概念——阈值 $T$，即传染病消失或成为地方病的临界值。由于每个感染者的平均传染周期为$\frac{1}{d+a}$，且每个感染者每天有效接触的平均人数是 $a$，则阈值 $T=\frac{a}{\gamma+d}$是每个感染者在其患病期内平均传染的人数，即为 SIR 模型的阈值。当 $T>1$ 时，$a>\gamma+d$，即易感者的感染率大于感染者的死亡率和恢复率，此时，感染者将不断增加，但是由于受到恢复率和死亡率的限制，感染者数量不会无限增加，而是达到易感者和感染者的一个平衡状态，此时说明该类疾病将会以地方病的状态呈现。当 $T<1$ 时，同理可以分析得出，此时感染者越来越少，最终疾病消失。

### 2.4.2　烟雾过滤模型

在烟雾过滤模型中，为了减少毒物量 $Q$ 的吸收，一般采取提高过滤嘴的吸收率 $\mu$，增长过滤嘴的长度 $L_2$，减少烟草中的毒物初始含量 $Q_0$ 等措施。此外，毒物随烟雾穿行香烟的比例 $\sigma$ 和烟雾速度 $\nu$ 减小时，毒物含量 $Q$ 也有可能呈下降趋势。香烟过滤模型的假设如下[23,47,49,50]：

（1）香烟总长为 $L$，烟草部分长 $L_1$，则过滤嘴长为 $L_2$。整支香烟所含毒物总量 $Q_0$ 均匀分布在长 $L_1$ 的烟草当中，所以毒物的平均密度 $\omega_0=\frac{Q_0}{L_1}$。

（2）点燃处毒物随烟雾进入空气部分和沿香烟穿行部分的数量比例是 $\sigma'$ 和 $\sigma$，且 $\sigma'+\sigma=1$。

（3）烟雾沿着香烟穿行的速度为 $\nu$ 和香烟燃烧速度 $\upsilon$ 都是常数，且 $\nu\gg\upsilon$。

（4）未点燃的烟草和过滤器对毒物的吸收率（单位时间内毒物被吸收的比例）分别为常数 $\lambda$ 和 $\mu$。

毒物流量 $q(x,t)$：在燃烧过程中的时刻 $t=0$，单位时间内通过香烟截面 $x(0\leqslant x\leqslant L)$ 处的毒物量。

烟雾毒物密度 $\rho(x,t)$：在燃烧过程中 $t=0$ 时刻，截面 $x(0\leqslant x\leqslant L)$ 处单位长度烟雾内毒物的含量。$q(x,t)=\nu\rho(x,t)$。

烟草毒物密度 $\omega(x,t)$：在燃烧过程中 $t=0$ 时刻，截面 $x(0\leqslant x\leqslant L)$ 处单位长度烟草中的毒物含量。

坐标系如图 2-4 所示。假设 $t=0$ 时刻，在 $x=0$ 处点燃香烟，则在 $T=\frac{L_1}{\upsilon}$ 时整支香烟燃尽。

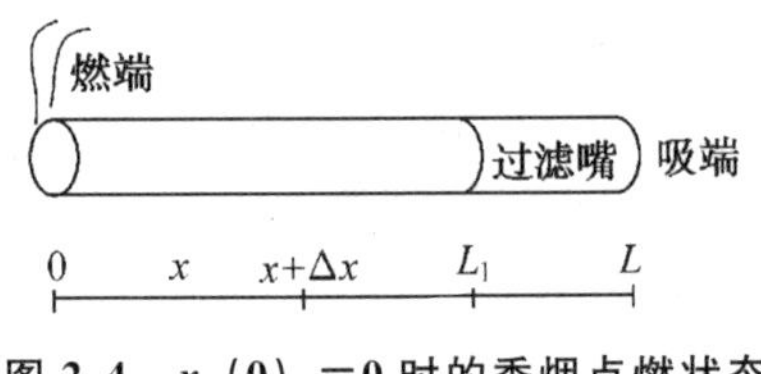


**图 2-4　x（0）=0 时的香烟点燃状态**

根据函数 $q(x,t)$ 可以知道，时刻 $t$ 单位时间内烟雾随香烟通过截面 $x=L$ 处的数量为 $q(L,t)$，根据图 2-4 的概念模型以及定积分的原理可以得出，当所有毒物到达吸烟者体内后，能够真正为吸烟者吸收的毒物量 $Q$ 的表达式：

$$Q = \int_0^T q(L,t)\mathrm{d}t \tag{2-1}$$

其中 $T = \frac{L_1}{v}$。

### 2.4.3　阈值计算的数学模型

2002 年，Carlos M. Hernadez-Suarez 采用马尔可夫链的方法介绍了传染病模型阈值的算法[55-65]。总结 Carlos M. Hernadez-Suarez 计算传染病模型的方法，根据以下说明得到阈值计算的数学模型。

(1) 把传染病的感染过程看成是一个扩散的过程，即由易感状态到感染状态再到痊愈，所有扩散都假设为指数分布，则整个传染过程可以形成一个具有连续时间的马尔可夫链。

(2) $X(t) = X_n(t)$，$t \geqslant 0$ 为以参数连续的马尔可夫链，$X_n$ 表示个体经过第 $n$ 次扩散后的状态。$\chi_{ij}$ 表示个体从 $i$ 状态扩散到 $j$ 状态的扩散率，$\chi_i = \sum\limits_{i \neq j} \chi_{ij}$ 是指个体离开 $i$ 状态的扩散率，若用 $P_{ij}$ 表示整个马尔可夫链 $X_n$ 的扩散率，则有 $P_{ij} = \frac{\chi_{ij}}{\sum\limits_{i \neq j} \chi_{ij}}$。

(3) 用 $\Gamma$ 表示个体在整个传染过程中所具有的状态的集合，其中包括死亡状态。$\Gamma$ 分为三大状态：积极传染状态、消极传染状态以及反射状态。积极传染状态是指有效接触后能够直接引起新的传染个体的状态；消极传染状态是指本身不传染，但在被感染后转为积极传染状态的个体状态；积极和消极两种传染状态之外称为反射状态。例如，传染病 SIR 模型中，S 类成员处于消极传染状态，I 类成员处于积极传染状态，R 类成员处于反射状态。

(4) 从初始状态扩散到其他状态，再回到初始状态，这个过程称为一个扩散周期。令 $\Pi = \{\varepsilon_1, \varepsilon_2, \varepsilon_3, \cdots, \varepsilon_A\}$，即为 $\{X_n\}$ 的随机分布，$\varepsilon_a$ 表示个体随机分布的状态 $a$ 分量，记初始状态

为 $A$，$\varepsilon_A$ 表示个体随机分布的状态 $A$ 分量。根据文献，有以下公式成立：

$$\boldsymbol{\Pi}=\boldsymbol{I}\ (\boldsymbol{P}+\boldsymbol{\Lambda}-\boldsymbol{E})^{-1} \tag{2-2}$$

$$T=\sum_{i\in Z}(\delta_i+k_i\zeta_i)\left(\frac{\varepsilon_i}{\varepsilon_A\chi_i}\right) \tag{2-3}$$

其中，$\boldsymbol{I}$ 表示各元素为 1 的行向量，$\boldsymbol{P}$ 表示 $\{X_n\}$ 的扩散矩阵，$\boldsymbol{\Lambda}$ 表示各元素为 1 的方阵，$\boldsymbol{E}$ 表示单位矩阵，$i$ 表示积极传染状态，$Z$ 表示积极扩散状态的集合，$\delta_i$ 表示感染率，$k_i$ 表示在状态 $i$ 下每个成人的生育率，$\zeta_i$ 表示新生儿在状态 $i$ 下被传染的概率。

# 第3章 创新网络节点对共性技术扩散和吸收的作用分析

共性技术影响因素包括共性技术扩散的影响因素，即外部影响因素，共性技术吸收的影响因素，即内部影响因素。共性技术内外部影响因素均受各网络节点的牵制，外部因素主要受科研机构、政府、中介机构等的影响，内部因素主要受企业的影响。

## 3.1 科研机构对共性技术扩散和吸收的作用分析

### 3.1.1 科研机构科研能力对共性技术扩散和吸收的作用分析

共性技术的研究机构以高校和科研院所为主，企业为辅。这主要是由共性技术的基本性质决定的，共性技术是一种公有性质的技术，也可以看成一种平台技术，虽然任何一个企业都想不断提高自己的技术平台和技术基础，但是共性技术的公有性质让其运用广泛，容易被复制和模仿，容易被竞争对手“免费搭车”，因此很多企业都不愿意花成本研究共性技术。所以，共性技术的研究虽是企业的需求，但一般是由政府或者产业联盟牵手高校和科研院所进行研究。

学校和科研机构是共性技术的供源，直接影响到共性技术的质量和共性技术的供量，同时也决定着共性技术的技术关联、技术时效性、技术的成本以及技术的复杂程度，从而对共性技术的吸收产生影响。

共性技术的关联性主要关系共性技术涉及的产业范围，必须能够为整个相关技术产业所接纳，以提高整个产业技术水平为目的，也是新的共性技术能否带来再创新的必要条件。共性技术的时效性虽然不影响某个区域的某个产业的竞争，但是却关乎区域之间的产业竞争，为了能够占据更大的产品市场，共性技术的快、新起到关键作用。此外，对于作为某个产业技术基础的共性技术来说，由于其处于基础性技术地位，众多产业、企业技术都是在其基础上得以开发的，如数字技术、继承技术、冶炼技术等，因此对于共性技术研发要求其时效期较长并具备一定的稳定性，不能三天两头就发生较大的变化，这也是共性技术与普通技术的不同之处。共性技术的成本直接影响技术吸纳者的积极性和采用热情，共性技术吸纳者往往从成本节约、产出增加、产品质量提高等多个方面对新共性技术的吸纳进行衡量，同一效果的不同创新，费用越低的创新越容易被采用。技术的复杂程度是指共性技术被潜在用户理解和吸收的困难程度。共性技术的被吸收的效率往往是同其复杂性成负相关性的。如果一项新的技术比较复杂，技术需求者就需要较长的时间去认识和学习它的功能和性能。同时，复杂的共性技术对吸收者的技术能力也有一定的要求，当采纳者的技术能力达不到相应的要求时，共性技术的吸收效率便会直线下降，达不到研究共性技术的目的。为克服技术创新复杂性的影响，通常采取提高用户的技术能力或改进产品降低对用户技术能力的要求，但是对共性技术创新而言，要提高用户的技术能力是一项长期而又艰苦的任务，周期长不利于其创新的传播和吸收，因此高校和科研机构对共性技术创新的设计合理，达到简单易学的目的，才能较大幅度地提高共性技术的吸收效率。

### 3.1.2 科研机构空间位置对共性技术扩散和吸收的作用分析

科研机构空间位置如果较为偏僻，与企业等技术需求者的空间距离较远，将直接影响共性技术信息的初始含量。技术信息的初始含量是指在技术被技术需求者吸收前的技术信息量。技术信息被吸收前的初始含量主要受技术源与技术需求者的空间距离和保密措施的严密性有关。一般对具有公共性质的共性技术而言，技术信息的初始含量对共性技术扩散和吸收的影响主要与空间距离有关，如图3-1所示。

**图3-1 共性技术信息初始含量受空间距离的影响**

由于空间距离影响网络中各类主体的信息传播和物资流通，技术势能差也会随着空间距离的加大而增加，技术信息的流失量也会随着这种技术势能差而不断减少，对于共性技术而言，即便其具备较强的模仿性，但是随着技术信息的流失，技术的失真性也会增加，对共性技术吸纳者而言，引进技术的创新效果将会减弱。因而，空间距离严重影响着技术信息的初始含量。技术需求者距离技术创新源越近，其获得的技术信息的可靠性越大，带来的创新效益也越高，反之则较小。因此，要从根本上减少共性技术含量，首先必须减少技术供需者之间的距离，要求创新网络中各类创新主体进行空间性的集聚，以减少技术引进、技术交流合作的时间和费用成本，更有利于技术的及时扩散和吸收。

## 3.2 企业对共性技术扩散和吸收的作用分析

### 3.2.1 企业技术人员对共性技术扩散和吸收的作用分析

共性技术信息本身不是实体，只是消息、情报、指令、数据和信号中所包含的内容，必须通过企业技术人员在技术扩散以及吸收过程中进行技术信息的传递，如图 3-2 所示。共性技术知识的形态主要以显性知识和隐性知识呈现。

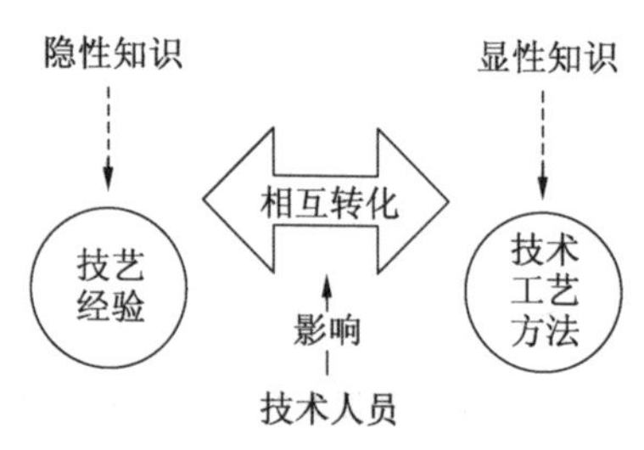


**图 3-2 技术人员的影响作用**

共性技术扩散过程和吸收过程是共性技术的显性知识和隐性知识借助于一定的力量，在不同网络主体之间进行传播、转化以及促进技术知识的吸收的过程。这里的“力量”指的就是企业人力资源，即技术人员，他们经验丰富，对技术创新的途径有针对性的了解，发挥着共性技术信息的依托者和传递者的作用。

技术知识的学习与研究本质相同，但是技术的研究过程是一个复杂、反复的过程，而学习过程则相对更为典型化和简约化，学习技术的不再是探索的过程，而是一个对技术的吸收、验证与应用的过程。从共性技术本身的特性来说，由于技术扩散和吸收过程中，隐性知识对主体、研发过程和研发环境都有特定的依赖性，其次隐性知识本身的内隐性和模糊性等特征，给共性技术的顺利扩散和吸收都带来了困难。所以，技术知识的隐性特征对企业的知识吸收能力有一定的要求，只有对技术知识的操作性、原理性和管理性都了解了，才能对技术知识进行有效的扩散和全面的吸收，而这些都需要企业的专业技术人员来实现。

对于共性技术扩散而言，技术知识的社会化、外在化就是获取技术创新的隐性的共性技术知识，以及将个人的隐性技术知识转化为组织的显性技术知识的过程。共性技术知识通常是通过供方或者中介机构技术人员演示、讲解、交流等方式，再通过企业技术人员的沟通、模仿、观察和学习等共同活动来分享技术隐性知识，并且进一步将隐性的技术知识清晰化、透明化，使之最终成为显性的共性技术知识，然后通过需求方技术人员对已经理解到的技术知识进行整合、编码、复制、信息传播以为实现对共性技术创新知识的吸收做好准备。

对于共性技术吸收方面，企业技术人员发挥的作用是对共性技术的合适性做出判断。引进任何新的技术时，新技术与原有技术或多或少会有冲突，影响着需求企业的生产效率，在技术吸收前对技术进行正确的判断以及合适的考察尤为重要。技术人员可以帮助企业对技术进行识别，从而做出正确的抉择。在引进某项技术之前，技术人员运用自身的专业和经验先对需引进技术的正负效应进行一番考察，根据多项标准进行取舍，避免引进不合适企业自身的共性技术，从而防止带来不必要的经济损失和社会危害。此外，专业技术人员可以帮助企业通过增强企业内在素质和适应性来提高其对技术的内化能力。例如，专业技术人员可以协助企业在引进技术时挑选合适的人员来促进技术的吸收；在培训方面，技术人员能够根据企业的情况以及引进技术与企业技术融合的情况对企业内部人员进行针对性的相关培训。如此便可有效减少技术创新方之间的技术势差，提高企业的吸收、融合新技术以及再创新的能力。

### 3.2.2 企业技术势能对共性技术扩散和吸收的作用分析

技术势能是指共性技术创新的程度与企业实际技术水平之间的差异。技术势能与技术供需方之间的各类资源相关联，比如人力、财力、需求方规模以及自身的技术创新水平等。造成技术势能差大的原因主要有三个：资金缺乏、新技术研发较少以及高素质人力资源缺乏。这三个主要原因是针对技术需求方的。对于共性技术而言，一般不会存在供需方技术知识完全平行的情况，因为共性技术的研发主要是为技术需求方而进行的，但是共性技术的创新却未必完全适合所有的需求者，因为共性技术属于基础性的技术，技术研究要考虑的因素比较复杂，创新的难度也较大，不可能针对每个需求者的情况进行创新，只能依照整个产业的趋势进行共性技术的研究和开拓。对于企业来说，将自身技术平台提高一级也不是很容易的事情，毕竟原有的技术平台所产出的产品正在流通或运营，即便有创新，也只是对原有产品的改进而已。如果企业原有的技术水平较低，甚至未能达到整个产业的平均水平，比如某些中小企业，那么在吸收新共性技术的过程中必定遇到很大的困难，再加上本身实力较弱，很可能在不久后就面临破产的危险。

因此，技术势能越大，那么共性技术扩散和吸收的条件就越高，企业吸收技术需要付出的成本就越大，面临的技术吸收风险也越大。相反，如果技术势能越小，那么共性技术的扩散和吸收就变得更加便捷和容易。

## 3.3 中介机构对共性技术扩散和吸收的作用分析

共性技术的中介是一个起协调作用的机构。美国经济学家泰格提出，技术需求双方的交流就像无线电波传送信息，只有双方都有足够功率的电波发送和接收设备才能互通信息。这里的“电波发送和接收设备”是指技术需求双方的信息传播和吸收能力。泰格还认为，在一般情况下，技术需求双方不可能都具有“足够功率的电波发送和接收设备”，因此，要提高技术的转移率和吸收率，在技术的交易过程中，中间人传递信息的作用是不可忽视的。技术中介机构就是这样的“中间人”和协调者，在技术的成功交易中发挥着重要作用，具体如图3-3所示。

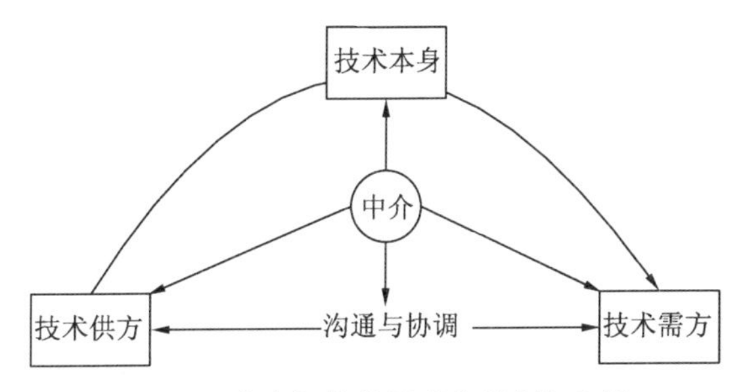


**图3-3　中介机构发挥“中间人”作用**

技术中介对共性技术的作用主要集中在降低技术的内隐性与不确定性，具体作用主要是使技术更透明化，增强技术可转移率和吸收率。技术商品并不像一般的商品交易那样简单，涉及的信息繁多，技术供求双方也不只是买卖关系，需要双方进行深入的沟通与协调。技术中介对供求双方关系的作用主要体现为协调与沟通。在共性技术的交易市场上，由于技术供需方技术信息不对称导致技术转移率下降的事例举不胜举。共性技术中的信息不对称还会产生大量的交易成本，加之技术的专业性及技术知识含量等原因，使技术在交易和吸收的过程中也会有大量的资源消耗，使交易成本进一步加大。因此，要从根本上提高技术的交易成功率以及减少技术的吸收障碍，关键还是要减少交易双方之间信息不对称程度，尽量通过信息透明化和信息共享制度，降低技术交易成本，提高社会资源的配置效率。共性技术中介作为技术需求双方的桥梁和媒介，对减少交易双方信息不对称、降低共性技术交易成本和提高共性技术吸收效率的作用日渐凸显。

在共性技术的转移和吸收中，中介机构的服务主要针对以下几点：促成技术供需双方技术合同的订立和履行；为技术供需方洽谈、签约、履约提供全程服务，且服务周期长，服务内容丰富全面；以技术知识为基础提供中介服务。归结起来，中介服务机构为共性技术提供的服务类型主要是五种，即提供硬件设施、软件设施、法律咨询、管理咨询和技术咨询。硬件设施主要包括中介机构开展活动时提供的活动场地、基础设施、管理人员及服务人员等。软件设施是包括中介机构为顺利开展活动必须收集的文献资料以及数据处理、网络必备设施、计算机设备和相应的技术、管理或服务人员等。法律咨询是中介机构通过技术鉴定、专利服务、资金担保、合同服务等来促进技术的成功交易，避免或解除纠纷。管理咨询指中介机构为共性技术需求双方提供相关的技术评估、市场研究、企业技术策划、技术制度建立以及技术人员培训等服务来促进技术的有效转移。技术咨询主要是指中介机构协助企业解决技术难点、进行技术指导、技术培训等方面的咨询工作。

## 3.4 政府机构对共性技术扩散和吸收的作用分析

首先，由于共性技术具有很强的外部性，共性技术的突破能加快一个产业或一个区域的技术升级步伐，具有很大的经济和社会效益，但同时也造成共性技术市场失灵程度高、市场供给严重不足的情况，所以需要政府出面从资金和政策上予以支持，或者由政府主导组织有实力的科研机构联合研发共性技术，减少共性技术扩散和吸收的成本问题。其次，资源的短缺性。中国作为发展中国家，财力有限而发展的项目很多，如何以有限的资金支持产业技术更快进步，提高资金使用效率成为我们国家面临的棘手问题。由于共性技术具有外部性强、经济和社会效益大的特点，满足了以较少的财政投入获得更大创新产出的要求，政府的财政支持为具备复杂性的共性技术的扩散和吸收承担了很多风险。

政府在共性技术外部环境中的主要作用，集中体现在提高社会资源配置效率、协调社会各方面利益、弥补共性技术扩散和吸收的缺陷、提供基础设施等几个方面。由于共性技术本身属公共品性质，具有很强的政策性，在外环境中，政府对共性技术的扩散与吸收具有不可替代的主导作用。共性技术的研发是为了提高整个产业甚至某个区域的技术水平，如果其实现了有效的扩散和吸收，其产生的经济效益和社会效益是巨大的，政府应责无旁贷地负起推动共性技术扩散和吸收的责任。政府在共性技术扩散和吸收外环境中的作用主要是通过政府制定的各种政策表现出来的，政府通过制定税收、法律、人才以及财政等政策可以形成一个有利于共性技术扩散和吸收的政策环境。政府支持共性技术的形式分为四大类：资助专项计划、设立非政府的专门组织（如组织有实力的企业构成研发联合体）、国家研究所（院）和促进合作研究开发和技术共享，具体如图 3-4 所示。

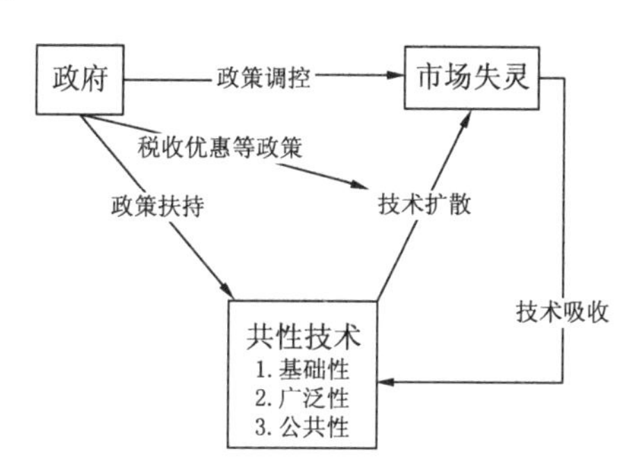


**图 3-4　政府影响共性技术的扩散与吸收**

在市场需求方面，由于共性技术是公共性质的技术，容易被行业内众多企业接纳，从而导致市场失灵的情况。政府通过政策的调控可以有效地降低市场失灵带来的损失。

因此，从科研机构、企业、中介机构和政府四个方面对共性技术扩散和吸收的作用进行具体的分析，可以进一步了解创新网络节点与共性技术扩散和吸收之间的关系，从多种角度体现共性技术扩散和吸收的有效性影响着创新网络同步的进度。

# 第4章　创新网络同步模型与创新网络节点的关系

## 4.1　以企业需求为中心的创新网络

以企业需求为中心的创新网络是指以企业的需求为出发点、以共性技术的扩散和吸收为环境进行研究的，主要是基于共性技术的扩散和吸收效果来判断创新网络如何有效地达到同步状态，具体如图4-1所示。

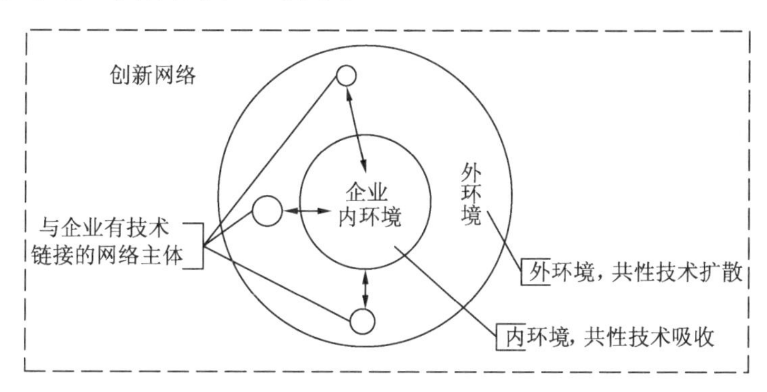


**图4-1　以企业需求为中心的创新网络**

由图4-1可以看出，共性技术扩散主导外环境，共性技术吸收主导内环境，内外环境的和谐与稳定是创新网络同步的先决条件。此外，外环境虽然以共性技术的扩散为主，但是要彻底地实现共性技术的扩散，内环境的吸收过程是否有效决定外环境技术扩散的最终实现，因此从严格的意义上说，共性技术的扩散过程包括了其吸收过程，但是为了共性技术在运用过程中能更好地分析创新网络同步的有效性和可研究性，本书将共性技术扩散和吸收分别进行分析。详细的分析过程以及其与创新网络同步的关系在以下内容中进行体现。

创新网络各节点对共性技术创新知识进行的扩散和吸收影响创新网络的同步，因此创新网络同步模型与创新网络节点的关系分析可以转为分别对共性技术扩散模型与创新网络节点之间的关系分析和共性技术吸收模型与创新网络节点之间的关系分析。

## 4.2 共性技术扩散模型的构建

### 4.2.1 共性技术扩散与创新网络同步的关系

共性技术信息在创新网络中扩散，首先网络中各主体是相互独立的，对于创新中各主体来说，技术信息的扩散方向不存在稳定性，再加上共性技术的基础特性，共性技术信息在研发网络的多个主体中呈网状扩散，如图 4-2 所示。但是，在同一时刻，对于两个独立的扩散主体来说，共性技术扩散的方向是有序的，且是单向的，如图 4-3 所示。

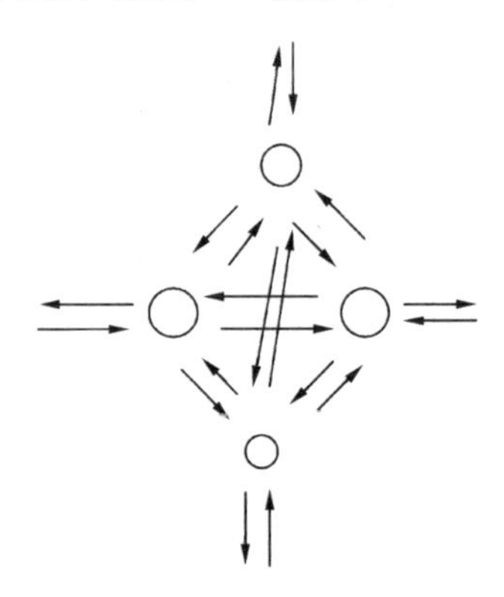

**图 4-2 共性技术源在研发网络中呈网状扩散**

**图 4-3　同一时刻独立主体间的单向扩散**

在共性技术的研发网络中，研发机构将技术信息扩散或转移到企业或中介机构，也就是说，对于共性技术而言，企业或中介一般都是从外界获取技术信息，这主要是由共性技术的公共性质以及研发成本决定的。此外，共性技术的基础性质决定了其接受者众多，因此，共性技术涉及的机构总量或者人员总量不是常量，通常是随着时间的变化的变量。

在共性技术信息不断扩散和接受者不断集成技术信息的过程中，各个主体之间以及各主体内部都在进行共性技术的扩散和转移，直至此项技术沉淀于各主体中，即各主体将退出这项技术的需求系统，重新迎来新一轮技术信息的洗礼，进行更进一步的升级和创新。

### 4.2.2　共性技术扩散 SIR 模型的原理分析

共性技术的扩散过程与 SIR 模型十分相似，运用技术扩散模型与 SIR 模型集成方法，采用 SIR 模型的传播机理来描述和分析共性技术的扩散过程以及共性技术扩散后带来的影响。两者的对比如图 4-4 所示。

共性技术是整个研发网络的技术扩散源，以隐性知识为主，包括从事该项技术的经验、技能以及诀窍等，因此共性技术主要是专业人才充当媒介进行扩散或转移。换言之，共性技术的扩散受到专业人才分布、技术接受者的承受能力以及共性技术的转移程度等因素的影响。

此外，共性技术在研发网络中不断进行扩散和转移，当该项技术在研发网络中达到一定的饱和状态时，则这项共性技术将处于一个平衡和同步的状态，也就成就了整个研发网络一个更高的平台和一个技术更加雄厚的研究基础，将更加有利于研发网络的进一步发展和系统升级。

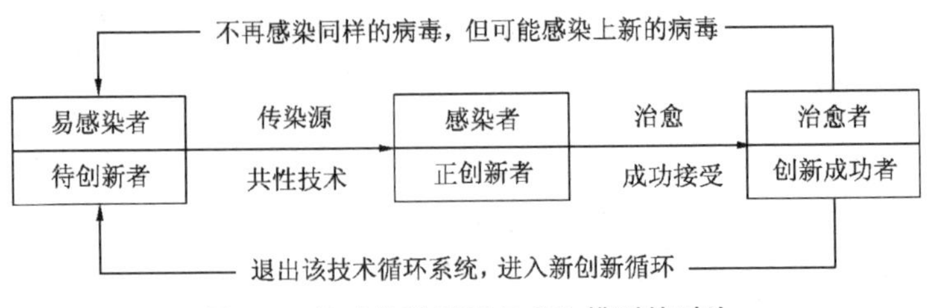


**图 4-4　技术扩散原理与 SIR 模型的对比**

### 4.2.3　共性技术扩散模型假设和建立

(1) 共性技术扩散模型的假设

根据共性技术扩散与 SIR 模型的相似点，重点从共性技术研发网络的角度出发建立共性技术扩散的模型，同时，该模型的建立是在以下假设的基础上进行：

第一，共性技术扩散模型以共性技术的创新网络为基础，即包括高校、科研院所等科研机构、中介、企业、政府等，共性技术在创新网络各主体之间相互扩散，但是由于各主体间相互独立，所以在同一时刻 $t$，对于单个主体来说，技术扩散的方向呈单一性。

第二，在一定的产业区域范围内，由于共性技术的不断创新与升级，从而会导致共性技术扩散系统中各成员的总数不断变化，文中用 $N(t)$表示，表示在 $t$ 时刻产业区域内扩散系统中的成员总量。

第三，在此模型中，同时还考虑到边缘企业的存在，即创新水平暂时不够，不能成功转化新技术，但是经过整合后重新进入扩散系统的一类成员，一般是指距共性技术源较远的远程机构或者新技术接受失败的一类机构，用 $Y$ 表示。$y(t)$表示 $t$ 时刻时该类机构的比例，$Y(t)$表示 $t$ 时刻该类机构的成员数。

第四，模型中用 $s(t)$ 表示在时刻 $t$ 共性技术待扩散的成员比例；$m(t)$ 表示接受了共性技术的成员比例；$i(t)$ 表示已成功转化共性技术的成员比例；$r(t)$ 表示接收技术后成功升级退出该扩散系统的成员比例。$S(t)$、$M(t)$、$I(t)$、$R(t)$ 分别表示 $t$ 时刻上述不同类成员的数量。$Ns$ 表示共性技术待扩散的成员数；$Nsm$ 表示接受了共性技术的待扩散的成员数；$Nm$ 表示接受共性技术的成员总数；$Ny$ 表示距共性技术源较远的远程机构或新技术接受失败的机构内的成员数；$Ni$ 表示已成功转化共性技术的成员数；$Nr$ 表示接受技术后成功升级退出该扩散系统的成员数。

（2）共性技术扩散模型的建立

根据以上假设和创新网络各主体节点之间的关系分析，建立共性技术扩散模型如图 4-5 所示。

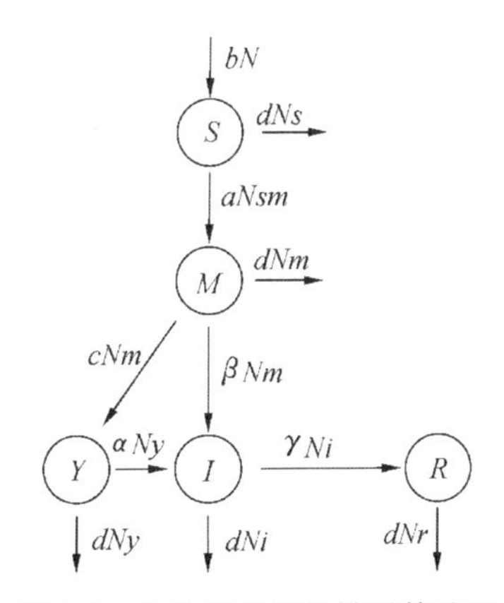


**图 4-5　共性技术扩散模型基础图**

根据图 4-5 有以下方程组成立：

$$
\begin{cases}
\dfrac{\mathrm{d}s}{\mathrm{d}t}=b-(d+as)m \\
\dfrac{\mathrm{d}m}{\mathrm{d}t}=asm-(d+c+\beta)m \\
\dfrac{\mathrm{d}i}{\mathrm{d}t}=\beta m+\alpha y-(d+\gamma)i \\
\dfrac{\mathrm{d}y}{\mathrm{d}t}=cm-(d+\alpha)y \\
\dfrac{\mathrm{d}r}{\mathrm{d}t}=\gamma i-dr
\end{cases}
\tag{4-1}
$$

其中有 $s(t)+m(t)+i(t)+y(t)+r(t)=1$，$S(t)+M(t)+I(t)+Y(t)+R(t)=N(t)$成立。

在上述模型中，$b$ 代表新的机构进入技术扩散系统的比率；$d$ 表示机构的破产率，因为在 SMYIR 五类成员机构形成的扩散网络中，机构破产的现象也会影响到整个共性技术扩散系统的稳定性和有效性，所以在模型中予以考虑；$a$ 表示接受共性技术的成员比率；$c$ 表示未成功将共性技术进行转化的成员比率；$\beta$ 表示共性技术的成功扩散率；$\alpha$ 表示未成功转化技术的成员经过调整后的成功转化率；$\gamma$ 表示机构成功接收新技术升级后顺利退出扩散系统的比率，即共性技术的创新率。

（3）阈值 $T$ 的计算

共性技术扩散模型中阈值 $T$ 是判别共性技术应用情况以及影响的重要概念，根据 Carlos M. Hernadez-Suarez 总结的理论依据和数学模型对共性技术扩散模型的阈值进行计算。在共性技术扩散模型中，$M$、$Y$ 类成员处于消极扩散状态，$I$ 类成员处于积极扩散状态，而 $S$、$R$ 以及破产状态 $D$ 处于反射状态，令状态集合 $\Phi_1=\{S,R,D\}$，$\Phi_2=\{M,Y,I\}$，则整个共性技术扩散过程由状态 $\Phi_1(S\subset\Phi_1)$转移到 $\Phi_2$，再回到状态 $\Phi_1(D\subset\Phi_1)$，这个过程可以看作一个扩散周期，根据方程组（4-1），可以得到

扩散矩阵 $\boldsymbol{P}$：

$$\boldsymbol{P}=\begin{array}{c} \begin{matrix} M & \quad Y & \quad\quad I & \quad\quad \Phi_1 \end{matrix} \\ \begin{bmatrix} 0 & \dfrac{c}{c+\beta+d} & \dfrac{\beta}{c+\beta+d} & \dfrac{d}{c+\beta+d} \\ 0 & 0 & \dfrac{\alpha}{\alpha+d} & \dfrac{d}{\alpha+d} \\ 0 & 0 & 0 & 1 \\ 1 & 0 & 0 & 0 \end{bmatrix} \end{array} \tag{4-2}$$

根据得到的阈值公式并结合 Matlab 7.0 编程计算得到

$$\boldsymbol{\Pi}=\boldsymbol{I}(\boldsymbol{P}+\boldsymbol{\Lambda}-\boldsymbol{E})^{-1}=\begin{bmatrix} 0 & \dfrac{c}{c+\beta+d} & \dfrac{\beta}{c+\beta+d} & \dfrac{d}{c+\beta+d} \\ 0 & 0 & \dfrac{\alpha}{\alpha+d} & \dfrac{d}{\alpha+d} \\ 0 & 0 & 0 & 1 \\ 1 & 0 & 0 & 0 \end{bmatrix} \tag{4-3}$$

由公式（4-3）得到 $\boldsymbol{\Pi}=\{\varepsilon_M,\varepsilon_Y,\varepsilon_I,\varepsilon_{\Phi_1}\}$，其中：

$$\varepsilon_M=\frac{4(\alpha+d)(c+\beta+d)}{|P|},\varepsilon_Y=\frac{4(\alpha+d)c}{|P|},$$

$$\varepsilon_I=\frac{4(\beta d+\alpha\beta+cd)}{|P|},\varepsilon_{\Phi_1}=\frac{4(\alpha+d)(c+\beta+d)}{|P|}$$

在共性技术扩散模型的研究中，一般不考虑大企业的衍生子公司，即 $k_i=0$，新进入机构在整个产业中的各个方面都处于新的状态，接受共性技术的条件尚未成熟，因此 $\zeta_i=0$。由此可以得到：$T=\sum_{i\in Z}\delta_i\left(\frac{\varepsilon_i}{\varepsilon_{\Phi_1}\chi_i}\right)$。$I$ 类成员处于积极扩散状态，即 $I\subset Z$，所以阈值为

$$T=\gamma\frac{(\beta d+\alpha\beta+cd)}{(\alpha+d)(c+\beta+d)(\gamma+d)} \tag{4-4}$$

其中 $\delta_i=\gamma$。

由共性技术扩散的阈值 $T$ 的表达式可以看出，创新网络的外环境同步主要受到共性技术的创新率 $\gamma$、共性技术的成功扩散率 $\beta$、创新网络内各主体的破产率 $d$、机构重新调整后的成功转化率 $\alpha$、未成功转化共性技术创新的机构比率 $c$ 这五个要素的影响。

## 4.3 共性技术扩散模型与创新网络节点的关系

阈值 $T$ 是判别共性技术的扩散是否达到稳定期的重要指标。一般而言，$T>1$ 时，说明共性技术的扩散不稳定，扩散范围将继续扩大，还可能存在部分企业没能参与共性技术的扩散活动；$T<1$ 时，说明共性技术扩散状态稳定，需求产业或区域都已经参与了共性技术的扩散活动，也已经开始准备对共性技术进行吸收，此时，创新网络的外环境对共性技术的接触已经达到一致和稳定，即外环境的同步状态。

由于所建立的模型对创新网络同步的情况进行研究，所以主要通过对阈值 $T<1$ 的情况进行解析来分析共性技术扩散如何影响创新网络的同步。

$$T=\gamma\frac{(\beta d+\alpha\beta+cd)}{(\alpha+d)(c+\beta+d)(\gamma+d)}<1 \tag{4-5}$$

即 $\gamma(\beta d+\alpha\beta+cd)<(\alpha+d)(c+\beta+d)(\gamma+d)$。

当创新网络中的机构破产率 $d=0$ 时，即技术需求区域不考虑机构破产，此时当 $\alpha c>1$ 时，共性技术扩散达到平衡。也就是说，当不考虑机构的破产率时，首次未能成功接受共性技术的机构比率 $c$ 与其重新调整后对共性技术的成功转化率 $\alpha$ 两个因素对共性技术扩散的稳定影响最大。$c$ 不断减小的同时意味着创新网络中共性技术的接受机构的能力不断增强，也就表明创新网络中各主体对共性技术的适应性增强，同时也说明共性技术的成功扩散率 $\beta$ 逐渐增大，当 $c\to 0$ 时，$\alpha$ 便也不复存在。此时，共性技术的扩散体系如图 4-6 所示。

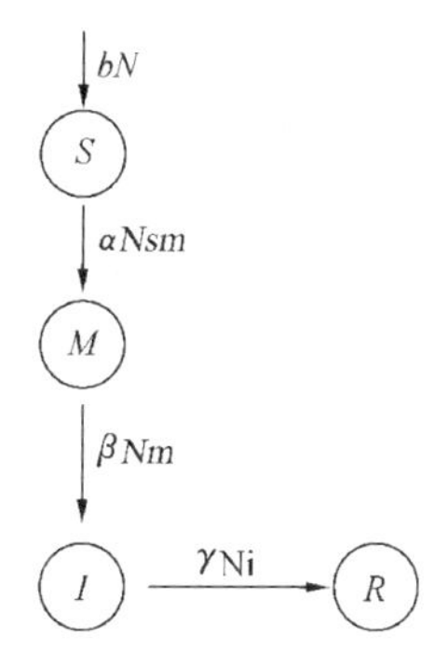


**图 4-6　$d=0$，$c\to 0$ 时共性技术的扩散体系**

由图 4-6 可知道此时的共性技术扩散体系变得更为简单，而且共性技术的扩散效率也大大加强。

但是，在实际的共性技术扩散的创新网络中，机构的破产率会影响到整个共性技术扩散系统的稳定性和有效性，所以 $d\neq 0$ 的情况对创新网络同步的研究更有意义。为了让共性技术扩散达到稳定状态，即让 $T<1$，需要尽量减小 $T$，根据 $T$ 的表达式，主要从以下几方面对 $T$ 的值进行考虑：

（1）减小 $c$，即降低未成功转化共性技术创新的机构比率 $c$。$c$ 是在由 $M$ 类机构向 $Y$ 类机构转化过程中产生的，降低 $c$ 的实质就是提高共性技术的扩散率 $\beta$，这要从两方面着手，一方面要提高共性技术接收机构的技术素质，加强共性技术创新与自身的链接和结合；另一方面是减小技术势能差，边缘企业应该尽量接近技术源，减少技术扩散中的摩擦，使原有技术更为完善地进入需求循环。

（2）增大 $\alpha$，即加强机构重新调整后的成功转化率。$\alpha$ 是 $Y$ 类机构成功向 $I$ 类机构的概率，也是 $M$ 类机构转化的最终方向。$Y$ 类机构是从 $M$ 类机构中隔离出来的，主要是因为技术源的远程机构或者自身条件不够而导致技术创新失败的机构。提高 $\alpha$，实质上是提高 $Y$ 类机构共性技术创新的转化能力，对于远程机构来说，主要是技术势能差的问题，跟上述减小 $c$ 的理由类似，此外还要加大与技术源头企业的交流和配合；自身条件不够而导致技术创新失败的机构主要是由于两方面的原因，即资金和风险，这类机构多属于中小企业，本身在很大程度上依赖大企业，平时做的工作大都是大企业分包出来的，要想完全接受共性技术创新几乎不可能，因此对于此类机构，提高 $\alpha$ 应该从自身的特色出发，然后慢慢发展多元化，逐一提高自身技术素质，多与区域内的大公司进行合作，慢中有进地实现向 $I$ 类机构转化。

（3）减小 $d$，即降低机构的破产率。在接受一项新的技术时，常常会有引起需求机构破产的风险，尤其是像共性技术这类基础性技术，一旦引进将相当于要从根本上改善原有技术和企业生产，从而引发的破产率也相应提高了。共性技术是公共性质的技术，虽然研发的成本大多由政府承担，但是引进共性技术创新时，需求机构也会出现很大的成本负担，再加上本身技术素质有限的话，破产的概率很大，从而严重地阻碍了共性技术创新的扩散。因此，降低破产率 $d$ 首先需要降低需求机构的融资困难，在这一点上主要归咎于政府的参与程度，因为企业的融资渠道基本都来源于银行，融资渠道窄，因此政府在推行共性技术的同时也要加大产业服务体系的建设，为企业融资提供必要的担保，克服企业的信息不对称，积极推动中小型企业信用体系建设。此外，需求企业要加强自身的管理，特别是财务管理和长远规划，争取尽可能的融资机会。

（4）提高 $\gamma$，$\gamma$ 是机构成功接收新技术升级后顺利退出扩散系统的比率，即共性技术的创新率。顺利升级提高技术平台是共性技术推行和扩散的最终方向，$\gamma$ 的提高意味着共性技术创新的意义得到了体现，也是需求机构自身实力的体现以及一个产业或一个地区综合素质提高的体现。因此，$\gamma$ 是政府与需求机构政策和能力的综合体现，因此，提高 $\gamma$ 不仅需要政府的积极参与，也需要需求企业之间的良好交流和配合以及需求企业对自身技术素质提高的积极性，如高科技人才的引进、员工的培训等。

根据创新网络节点与共性技术扩散影响因素的分析，可以得出共性技术扩散影响创新网络同步的实质是影响共性技术扩散的因素对创新网络同步的限制，因此以创新网络内主要技术需求机构（即企业）为中心，外环境的共性技术扩散对创新网络同步的影响如图 4-7 表示。

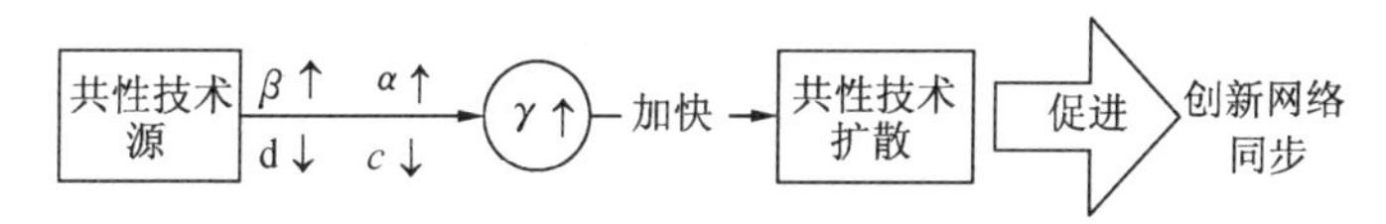


**图 4-7　基于共性技术扩散的创新网络同步模型**

## 4.4　共性技术吸收模型的构建

### 4.4.1　共性技术吸收与创新网络同步的关系

共性技术的吸收是创新网络同步的决定性阶段。技术需求方对共性技术的吸收是否良好直接体现出共性技术研发的最终意义，吸收效率越好，整个创新网络的技术基础就会升级得更快。但是，由于共性技术吸收影响要素的存在，不同的技术需求方对技术的吸收程度是不一样的，从而使得整个共性技术创新网络的技术分布参差不齐，并且创新网络技术平台的高低又总是取决于技术吸收效率最低的主体，就像木桶的容水量往往取决于最短的木板一样，所以，增强创新网络内各个主体的技术吸收能力和技术吸收效率是创新网络最终同步的关键。创新网络技术吸收的“木桶效应”如图 4-8 所示。

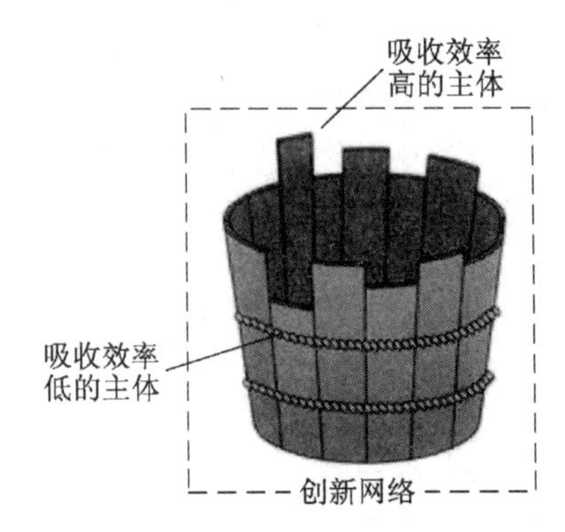


**图 4-8　创新网络技术吸收的“木桶效应”**

### 4.4.2　共性技术吸收的烟雾过滤模型原理

烟雾过滤原理与技术吸收的原理相似，烟雾过滤问题是针对减少吸烟危害提出来的，当香烟点燃，烟内的毒素便会随着烟雾一部分进入空气，一部分穿过未点燃烟草和过滤器进入人体，在燃烧完整根烟直至过滤器处时，进入人体的毒素量就是人体吸收一根烟的毒素量。技术吸收的过程与人体吸收香烟毒素的过程对比如图 4-9 所示。

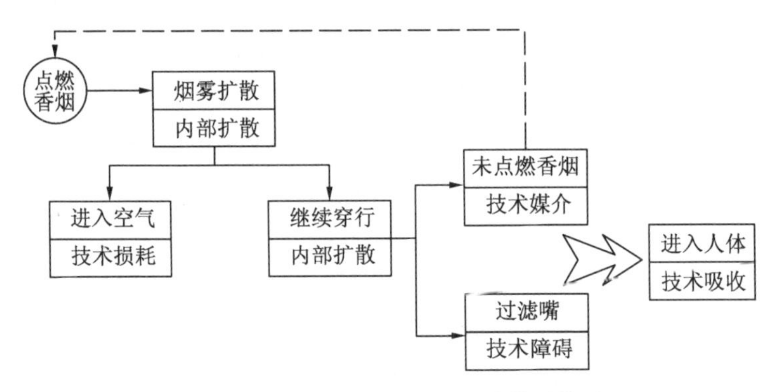


**图 4-9　技术吸收原理与烟雾过滤模型的对比**

由图 4-9 可以看出，技术吸收的过程是一个循环的过程，而且是在技术需求方的主体内部进行。此外，在吸收过程中，技术信息的流失主要由两大原因引起：技术损耗和技术障碍。技术损耗主要是技术在进入需求方后，由于扩散引起的信息渗透，如人员引起技术信息的外泄等，这不由技术需求方的接受能力决定；技术障碍主要是技术需求方的设备、资源、人力等导致的技术难吸收问题，这些是由需求方的技术吸收能力决定的。因此，技术障碍是决定技术吸收效率高低的重要指标，虽然技术损耗难以避免，但是技术障碍的决定性远远高于技术损耗。

### 4.4.3　共性技术吸收模型的假设和建立

(1) 共性技术吸收模型的假设与说明

在烟雾过滤模型原理的基础上建立共性技术吸收模型，与烟雾过滤模型的不同之处在于提高技术需求方内部共性技术的吸收量 $Q$。为了建模的方便性和可分析性，建立共性技术吸收模型的假设如下：

① 技术媒介和技术吸收障碍的长度分别为 $L_1$ 和 $L_2$，技术吸收段的总长度为 $L$，且有 $L=L_1+L_2$。

② 共性技术信息在被需求方吸收前的初始量为 $Q_0$，且均匀分布在信息媒介中，密度为 $\omega_0$，$\omega_0=\dfrac{Q_0}{L_1}$。

③ 共性技术信息损耗和随技术载体流扩散的比例为 $\sigma'$ 和 $\sigma$，且 $\sigma'+\sigma=1$。

④ 技术媒介和技术吸收障碍在单位时间内对技术信息的吸收比例分别为 $\lambda$ 和 $\mu$；假设技术载体流沿技术媒介扩散的速度为常数 $\nu$，而技术载体流损耗的速度为常数 $\upsilon$，且 $\nu\gg\upsilon$。

(2) 共性技术吸收模型的构建

假设在初始时刻 $t=0$ 时在 $x=0$ 处，共性技术信息开始随着载体流进入需求方的主体内部，需求方对共性技术的吸收量

$Q$ 主要由技术信息载体流携带的技术信息量确定，而技术信息量的大小又与单位信息载体流中信息含量（即信息密度）有关，因此，为更好地分析模型，先确定以下几个函数：

① $q(x,t)$表示在时刻 $t$ 单位时间内技术信息随载体流通过技术媒介截面 $x$ 处的数量，其中 $0\leqslant x\leqslant L$；

② $\rho(x,t)$表示时刻 $t$ 在 $x$ 处信息载体流中技术信息量的线密度，即单位长度信息载体流中的信息量，且 $q(x,t)=\nu\rho(x,t)$；

③ $\omega(x,t)$表示时刻 $t$ 在 $x$ 处技术媒介中技术信息量的线密度，即单位长度技术媒介中的信息量，且 $\omega(x,0)=\omega_0$。

根据函数 $q(x,t)$可知，时刻 $t$ 单位时间内技术信息随载体流通过技术媒介截面 $x=L$ 处的数量为 $q(L,t)$，根据图 4-10 的概念模型以及定积分的原理可以得出，当所有共性技术到达需求方内部后，能够真正为需求方所吸收的技术信息量 $Q$ 的表达式：

$$Q=\int_0^T q(L,t)\mathrm{d}t \tag{4-6}$$

其中 $T=\frac{L_1}{v}$。

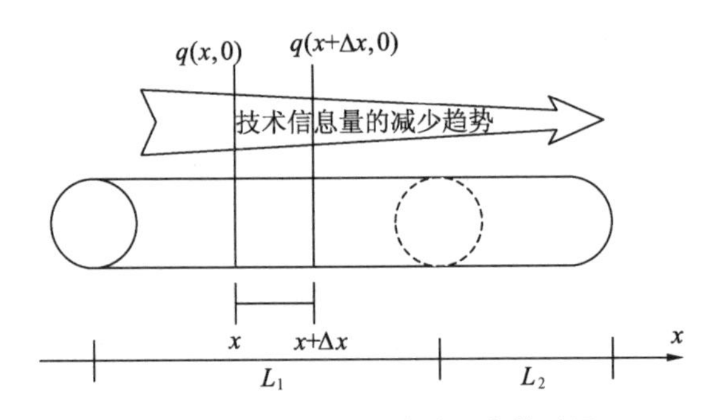


**图 4-10 共性技术吸收的概念模型图**

（3）共性技术吸收模型的求解

共性技术的吸收过程是一个重复的过程，技术信息由于被信息媒介和信息载体流携带，总会带来一定的信息损耗。求解 $Q$，首先要求解 $q(L,t)$，因此必须从求 $q(x,t)$ 着手。首先假设共性技术从 $x=0$，$t=0$ 处开始扩散进入需求方内部，且扩散点不动，则此时单位时间内技术信息随载体流通过技术媒介截面 $x$ 处的数量为 $q(x,0)$。

考虑从 $x$ 到 $x+\Delta x$ 的一段载体流，且 $\Delta x$ 足够小，根据概念模型可以得到 $q(x,0)$ 与 $q(x+\Delta x,0)$ 之差就是共性技术开始扩散后，技术信息随载体流沿技术媒介穿行至需求方内部时被技术媒介和技术障碍吸收的信息量，可以得出

$$q(x,0)-q(x+\Delta x,0)=\begin{cases}\lambda\int_{x}^{x+\Delta x}\rho(x,0)\mathrm{d}x,\ 0\leqslant x\leqslant L_1\\ \mu\int_{x}^{x+\Delta x}\rho(x,0)\mathrm{d}x,\ L_1<x\leqslant L\end{cases}\tag{4-7}$$

令 $\Delta x\to 0$，又有 $q(x,t)=\nu\rho(x,t)$，所以根据上式可以得到

$$\frac{\mathrm{d}q}{\mathrm{d}x}=\begin{cases}-\frac{\lambda}{\nu}q(x,0),\ 0\leqslant x\leqslant L_1\\ -\frac{\mu}{\nu}q(x,0),\ L_1<x\leqslant L\end{cases}\tag{4-8}$$

若 $x=0$，$t=0$ 时，共性技术开始扩散，载体流携带的信息量为 $H_0$，且 $H_0=\upsilon\omega_0$。由此可以得到

$$q(0,0)=\sigma H_0=\sigma\upsilon\omega_0\tag{4-9}$$

对式（4-8）两边求积分，再根据式（4-9）可以得到

$$q(x,0)=\begin{cases}\sigma H_0\mathrm{e}^{-\frac{\lambda x}{\nu}}, & 0\leqslant x\leqslant L_1\\ \sigma H_0\mathrm{e}^{-\frac{\lambda L_1}{\nu}-\frac{\mu(x-L_1)}{\nu}}, & L_1<x\leqslant L\end{cases}\tag{4-10}$$

式中，$q(x,0)$ 在 $x=L_1$ 处连续。

在上述等式的基础上，再考虑共性技术吸收过程中任意时刻 $t$，即 $x=\upsilon t$ 时，共性技术信息扩散进入需求方内部时，信息媒介在一瞬间释放的信息量等于技术载体流中的信息量，由于时间很短暂，因此不考虑信息流失。此时载体流携带的信息量 $H(x,t)$ 为

$$H(x,t)=\upsilon\omega(x,t)=\upsilon\omega(\upsilon t,t) \tag{4-11}$$

根据图 4-11，将 $x$ 轴的坐标原点 $x=0$ 移至 $x=\upsilon t$ 处，再依据公式（4-10），可以得到

$$q(x,t)=\begin{cases}\sigma H(x,t)\mathrm{e}^{-\frac{\lambda(x-\upsilon t)}{\nu}}, & \upsilon t\leqslant x\leqslant L_1\\ \sigma H(x,t)\mathrm{e}^{-\frac{\lambda(L_1-\upsilon t)}{\nu}-\frac{\mu(x-L_1)}{\nu}}, & L_1<x\leqslant L\end{cases} \tag{4-12}$$

所以有

$$q(L,t)=\sigma\upsilon\omega(\upsilon t,t)\mathrm{e}^{-\frac{\lambda(L_1-\upsilon t)}{\nu}-\frac{\mu L_2}{\nu}} \tag{4-13}$$

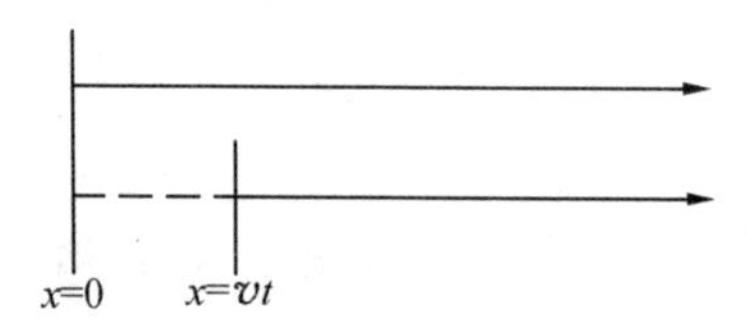


图 4-11　技术扩散过程简化图

在得出了 $q(L,t)$ 的表达式以后，接下就是要得到 $\omega(\upsilon t,t)$ 的表达式。由过滤嘴的原理可以推出，由于共性技术信息随载体流在不断扩散和传送至需求方内部的同时，也会不断地被技术媒介所吸收，实质上是技术信息巩固和深化的一个过程，因此技术信息在技术媒介中的密度会不断增加，考虑技术媒介 $x$ 处在 $\Delta t$ 时间内的技术信息密度的增加量应该等于单位长度技术载体流中被技术媒介吸收的技术含量，如图 4-12 所示。

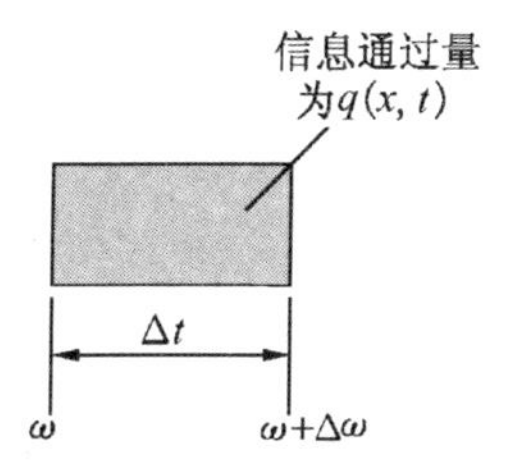


**图 4-12　技术媒介截面 $x$ 处 $\Delta t$、$\Delta\omega$ 与 $q(x,t)$ 的关系**

因此，可得

$$\omega(x,t+\Delta t)-\omega(x,t)=\lambda\frac{q(x,t)}{\nu}\Delta t \tag{4-14}$$

令 $\Delta t\to 0$，则有

$$\begin{aligned}\frac{\partial\omega}{\partial t}&=\frac{\lambda\sigma H(x,t)\mathrm{e}^{-\frac{\lambda(x-\upsilon t)}{\nu}}}{\nu}\\&=\frac{\lambda\sigma\upsilon\omega(\upsilon t,t)\mathrm{e}^{-\frac{\lambda(x-\upsilon t)}{\nu}}}{\nu}(\text{信息媒介 } x\leqslant L_1)\end{aligned} \tag{4-15}$$

因为 $\omega(x,0)=\omega_0$，将公式（4-15）两边对 $t$ 在（0，$t$）上求积分可得

$$\omega(x,t)=\omega_0+\frac{\lambda\sigma\upsilon}{\nu}\mathrm{e}^{-\frac{\lambda x}{\nu}}\int_0^t\omega(\upsilon t,t)\mathrm{e}^{-\frac{\lambda\upsilon t}{\nu}}\mathrm{d}t \tag{4-16}$$

将 $x=\upsilon t$ 代入公式（4-16）后两边同时乘以 $\mathrm{e}^{\frac{\lambda\upsilon t}{\nu}}$ 可以得到

$$\omega(\upsilon t,t)\mathrm{e}^{\frac{\lambda\upsilon t}{\nu}}=\omega_0\mathrm{e}^{\frac{\lambda\upsilon t}{\nu}}+\frac{\lambda\sigma\upsilon}{\nu}\int_0^t\omega(\upsilon t,t)\mathrm{e}^{-\frac{\lambda\upsilon t}{\nu}}\mathrm{d}t \tag{4-17}$$

设 $g(t)=\omega(\upsilon t,t)\mathrm{e}^{\frac{\lambda\upsilon t}{\nu}}$，则公式（4-17）可写为

$$g(t)=\omega_0\mathrm{e}^{\frac{\lambda\upsilon t}{\nu}}+\frac{\lambda\sigma\upsilon}{\nu}\int_0^t g(t)\mathrm{d}t \tag{4-18}$$

因为 $g(0)=\omega_0$，在公式（4-18）中对 $t$ 求导可得

$$\begin{cases}g'(t)-\dfrac{\lambda\sigma\upsilon}{\nu}g(t)=\dfrac{\lambda\upsilon}{\nu}\omega_0\mathrm{e}^{\frac{\lambda\upsilon t}{\nu}}\\g(0)=\omega_0\end{cases} \tag{4-19}$$

因此，可以求解得到

$$g(t)=\frac{\omega_0}{1-\sigma}e^{\frac{\lambda vt}{\nu}}\left(1-\sigma e^{-\frac{(1-\sigma)\lambda vt}{\nu}}\right) \tag{4-20}$$

所以有

$$\omega(vt,t)=\frac{\omega_0}{1-\sigma}\left(1-\sigma e^{-\frac{(1-\sigma)\lambda vt}{\nu}}\right) \tag{4-21}$$

根据公式（4-13）、公式（4-21）可得

$$Q=\int_0^T q(L,t)\mathrm{d}t=\frac{\sigma Q_0\nu}{(1-\sigma)\lambda L_1}e^{-\frac{\mu L_2}{\nu}}\left(1-e^{-\frac{(1-\sigma)\lambda L_1}{\nu}}\right)\left(\omega_0=\frac{Q_0}{L_1}\right) \tag{4-22}$$

为简化 $Q$ 的表达式，令 $\theta=\frac{(1-\sigma)\lambda L_1}{\nu}$，则公式（4-22）可简化为

$$\begin{cases} Q=\frac{\sigma Q_0}{\theta}e^{-\frac{\mu L_2}{\nu}}(1-e^{-\theta})=\sigma Q_0 e^{-\frac{\mu L_2}{\nu}}\frac{1-e^{-\theta}}{\theta} \\ \varphi(\theta)=\frac{1-e^{-\theta}}{\theta} \end{cases} \Rightarrow Q=\sigma Q_0 e^{-\frac{\mu L_2}{\nu}}\varphi(\theta) \tag{4-23}$$

从上述推导过程以及公式（4-22）可以看出，需求方吸收的共性技术信息量 $Q$ 与 $\sigma$、$Q_0$、$\mu$、$L_2$、$\nu$、$\lambda$、$L_1$ 有关系。

## 4.5 共性技术吸收模型与创新网络节点的关系

根据烟雾过滤原理对共性技术吸收模型进行推导以后，最后得到技术需求方吸收到共性技术信息量 $Q$ 的一般表达式：$Q=\sigma Q_0 e^{-\frac{\mu L_2}{\nu}}\varphi(\theta)$。

（1）在 $Q$ 的表达式中的 $\varphi(\theta)=\frac{1-e^{-\theta}}{\theta}$，其中 $\theta=\frac{(1-\sigma)\lambda L_1}{\nu}$，$1-\sigma=\sigma'$是信息损耗的比例，在共性技术随载体流进入需求方的过程中这种信息损耗的比例很小，因此 $\theta$ 的值也

很小，因此可以考虑 $Q$ 与 $\sigma$、$Q_0$ 成正比，即企业对共性技术的吸收受到携带在载体流中的信息量大小和技术信息进入企业之前的初始量大小的直接影响，若假设所有共性技术信息全部集中在 $x=L$ 处，也就是说共性技术信息不经过外部扩散直接进入企业，那么企业的技术吸收量 $Q=\sigma Q_0$，但是这种情况多发生在科研机构衍生模式中，存在一定的技术转移程序，属于核心技术性质，需要保证技术信息的高吸收效率，而针对具有公共性质的共性技术，这种不经过外部扩散进入需求方的方式是不可能实践的。但是做好技术的保密措施，尽量减少不必要的技术损耗，提高技术信息在载体流中的含量比例；或者尽量接近技术源，提高共性技术信息的初始含量 $Q_0$，这些都能够对提高技术吸收率起到一定的积极作用。

（2）在共性技术吸收模型中，因子 $e^{-\frac{\mu L_2}{\nu}}$ 体现的是共性技术吸收的消极影响因素的阻碍作用，产生阻碍作用的主要原因是因子 $\mu$、$L_2$ 和 $\nu$，$\mu$ 体现了技术障碍对技术信息的吸收作用，也可以理解为需求方对共性技术的吸收环节上的信息流失，$L_2$ 在概念上是共性技术吸收障碍的长度量化，可以看作是共性技术吸收的消极影响因素的量，$\nu$ 是共性技术吸收的消极影响因素的影响程度，从而影响需求方对共性技术吸收的进度。因此，有效减少不必要的技术信息吸收环节，积极做好规避消极因素的措施，能够提高需求方的技术吸收量。

（3）$Q=\sigma Q_0 e^{-\frac{\mu L_2}{\nu}}$ 是受到消极影响因素的屏蔽或阻碍后被需求方吸收的共性技术信息量，也就是不考虑技术媒介的存在，将所有技术信息集中在 $x=L_1$ 处时需求方吸收的信息量。但是对于技术知识，尤其是隐性技术知识，主要依托技术媒介而存在，因此没有技术媒介的技术传播是不存在。所以，要提高共性技术的吸收量，可以尽量减少技术媒介，比如直接跟科研机构合作而并非通过中介机构等手段获取技术来源就是减少技术媒介、提高技术吸收率的手段之一。

通过网络节点的吸收与扩散的逐一推进，创新网络中每个技术需求主体都会各尽所长最大可能地吸收和融合新技术信息，从而提高自身的技术基础，以求在复杂的竞争环境中取得一席之地。创新网络中各类需求主体扬长避短，最终共同发展，整个网络技术基础更新一个平台，最终达到积极促进创新网络同步发展的目的，如图 4-13 所示。

**图 4-13　基于共性技术吸收效率的创新网络同步**

通过阐述共性技术扩散和吸收与创新网络之间的关系，构建了共性技术扩散模型和共性技术吸收模型，并分别对创新网络节点与共性技术扩散和吸收的关系进行分析，得到基于共性技术扩散和基于共性技术吸收的创新网络同步模型。

# 第5章 共性技术合作中群体成员学习、关系网络及创新竞争

## 5.1 不同水平类型共性技术合作群体交流学习均衡和社会福利分析

### 5.1.1 交流学习模型的构建

考虑出发点是共性技术合作群体采用不同的创新方式，而不采用一种单一的创新方式，例如选择以制造业、批发零售业、服务业为主的科技含量普遍较低的行业进行创新。假定有一群产学研群体性的数量为 $m$ 个人，用 $m \in \{H, L\}$ 表示两种创新方式——科技含量高（用 $H$ 表示）和科技含量低（用 $L$ 表示）的创新情况。首先假设每一个创新群体只选择一种创新方式，用 $m_H$ 表示最初选择科技含量高的人数，用 $m_L$ 表示最初选择进行科技含量低的人数，$m_H + m_L = m$，每种类别的创新群体通过投入一定的固定费用 $C_i(i = H, L)$来学习一种新的创新方式。学习新的创新方式的固定费用 $C_i$ 包括时间、努力和支付给培训机构、高校的费用以及投入一种新的创新方式所需的资金费用等。

用 $n_{HL}$ 表示科技含量高的创新群体学习科技含量低的人数，用 $n_{LH}$ 表示科技含量低的创新群体学习科技含量高的人数。显然，$n_{HL} < m_H$，$n_{LH} < m_L$。用 $U_H$ 表示科技含量高的创新群体的效用，用 $U_L$ 表示表示科技含量低的创新群体效用，

定义效用函数如下：

$$U_H=\begin{cases}\alpha_H(m_H+n_{LH}), & \text{不学习 } L\\ \alpha_H m-C_H, & \text{学习 } L\end{cases} \tag{5-1}$$

$$U_L=\begin{cases}\alpha_L(m_L+n_{HL}), & \text{不学习 } H\\ \alpha_L m-C_L, & \text{学习 } H\end{cases} \tag{5-2}$$

式中，参数 $\alpha_H>0$，$\alpha_L>0$ 分别表示两类创新群体对其能与他人交流的重视程度。效用函数（5-1）说明科技含量高的创新群体可以用两种方式来提高效用：第一种是比较便宜的方式，是依赖于科技含量低的创新群体学习科技含量高的人数；第二种是比较昂贵的方式，是科技含量高的创新群体学习科技含量低的创新群体，这样他就可以和所有的创新群体交流。效用函数（5-2）也同样如此。

如果两类不同创新群体都将 $n_{LH}$ 和 $n_{HL}$ 看成常量和双方都具有完美的观察力，那么当 $\alpha_H m-C_H\geqslant\alpha_H(m_H+n_{LH})$和$\alpha_L m-C_L\geqslant\alpha_L(m_L+n_{HL})$成立时，存在互相学习的均衡即科技含量高的创新群体学习科技含量低的创新群体和科技含量低的创新群体学习科技含量高的创新群体。其中第一个不等式说明科技含量高的创新群体支付了学习成本后，他可以和所有的 $m$ 个创新群体成员交流，其可获得的知识效用超过与科技含量高的创新群体进行交流而获得的知识效用，他才会向科技含量低的创新群体成员学习；第二个不等式同样如此。这两个不等式条件也可以写为 $C_H\leqslant\alpha_H(m_L-n_{LH})$和 $C_L\leqslant\alpha_L(m_H-n_{HL})$。

### 5.1.2　交流学习的均衡性质分析

根据不同类型创新群体成员的效用函数，可以得到如下命题：

**命题 1**　如果所有的科技含量高的创新群体成员学习科技含量低的创新群体，那么就没有科技含量低的创新群体成员再学习科技含量高的创新群体；如果所有的科技含量低的创新群体成员学习科技含量高的创新群体，那么就没有科技含量高的创新群体成员再学习科技含量低的创新群体。

证明：假设所有的科技含量高的创新群体成员学习科技含量低的创新群体，那么 $n_{HL}=m_H$，可以得出 $C_L \leqslant \alpha_L(m_H - n_{HL})=0$，这个不等式不成立，因为学习成本 $C_L$ 总是大于零的。因此科技含量低的创新群体就不会再与科技含量高的创新群体成员交流学习。

假设所有的科技含量低的创新群体成员学习科技含量高的创新群体，那么 $n_{LH}=m_L$，可以得出 $C_H \leqslant \alpha_H(m_L - n_{LH})=0$，这个不等式不成立，因为学习成本 $C_H$ 总是大于零的。因此科技含量高的创新群体成员就不会再与科技含量低的创新群体交流学习。

命题1表明不同类型的创新群体成员交流学习的外部性。当科技含量高的创新群体成员与科技含量低的创新群体成员交流学习时，他可以在增加自己效用的同时，还可以增加那些科技含量低的创新群体成员的效用；当科技含量低的创新群体成员与科技含量高的创新群体成员交流学习时，他可以增加自己效用的同时还可以增加那些科技含量高的创新群体成员的效用。

**命题2**　在所有科技含量高的创新群体成员与科技含量低的创新群体成员交流学习和所有科技含量低的创新群体成员与科技含量高的创新群体成员交流学习同时发生的情况下，均衡不存在，即 $(n_{HL}, n_{LH})=(m_H, m_L)$ 不是均衡。

证明：根据命题1所有科技含量高的创新群体成员与科技含量低的创新群体成员交流学习时，就不会有科技含量低的创新群体成员再学习科技含量高的创新群体成员，两者同时存在的情况不成立。因此可得命题2。

由于所有科技含量高的创新群体成员类型一致，他们要么都与科技含量低的创新群体成员交流学习，要么都不与科技含量高的创新群体成员交流学习；同样所有科技含量低的创新群体成员类型一致，他们要么都与科技含量低的创新群体成员交流学习，要么都不与科技含量高的创新群体成员交流学习。这样，有三种可能的均衡：要么科技含量高的创新群体成员都与科技含量低的创新群体成员交流学习，要么是科技含量低的创新群体成员都与科技含量高的创新群体成员交流学习，要么是两种不同类型的创新群体成员都不交流学习。

**命题3** (a) 当 $C_H \leqslant \alpha_H m_L$ 和 $C_L \leqslant \alpha_L m_H$ 时，则有两个不同类型创新群体成员的交流学习均衡 $(n_{HL}, n_{LH}) = (m_H, 0)$，$(n_{HL}, n_{LH}) = (0, m_L)$；(b) 当 $C_H > \alpha_H m_L$ 和 $C_L > \alpha_L m_H$ 时，则有唯一的交流学习均衡 $(n_{HL}, n_{LH}) = (0, 0)$，没有哪个类型的创新群体成员与其他类型的创新群体成员交流学习；(c) 当 $C_H \leqslant \alpha_H m_L$ 和 $C_L > \alpha_L m_H$ 时，则有唯一的交流学习均衡 $(n_{HL}, n_{LH}) = (m_H, 0)$，即所有科技含量高的创新群体成员与科技含量低的创新群体成员交流学习；(d) 当 $C_H > \alpha_H m_L$ 和 $C_L \leqslant \alpha_L m_H$ 时，则有唯一的交流学习均衡 $(n_{HL}, n_{LH}) = (0, m_L)$，即所有科技含量低的创新群体成员与科技含量高的创新群体成员交流学习。

证明：(a) 若要 $(n_{HL}, n_{LH}) = (m_H, 0)$ 构成均衡，必须满足科技含量高的创新群体成员与科技含量低的创新群体成员交流学习的效用高于不交流学习的效用，而科技含量低的创新群体成员与科技含量高的创新群体成员不交流学习的效用高于交流学习的效用，根据效用函数（5-1）和（5-2）可知，必须满足 $\alpha_H m - C_H \geqslant \alpha_H (m_H + n_{LH}) = \alpha_H m_H$ 和 $\alpha_L (m_L + n_{HL}) = \alpha_L (m_L + m_H) \geqslant \alpha_L m - C_L$ 成立，即 $C_H \leqslant \alpha_H m_L$ 和 $C_L \geqslant 0$ 必须成立。它正是（a）所给条件，因此 $(n_{HL}, n_{LH}) = (m_H, 0)$ 构成一个均衡点。同理可证 $(n_{HL}, n_{LH}) = (0, m_L)$ 也构成一个均衡点。

(b) 当 $C_H > \alpha_H m_L$ 时，$(n_{HL}, n_{LH}) = (m_H, 0)$ 不是一个均衡；当 $C_L > \alpha_L m_H$ 时，$(n_{HL}, n_{LH}) = (0, m_L)$ 也不是一个均衡。若要 $(n_{HL}, n_{LH}) = (m_H, 0)$ 构成均衡，必须满足科技含量高的创新群体成员与科技含量低的创新群体成员不交流学习的效用高于交流学习的效用以及科技含量低的创新群体成员与科技含量高的创新群体成员不交流学习的效用高于交流学习的效用，根据效用函数 (5-1) 和 (5-2) 可知，需满足 $\alpha_H(m_H + n_{LH}) = \alpha_H m_H \geqslant \alpha_H m - C_H$ 和 $\alpha_L(m_L + n_{HL}) = \alpha_L m_L \geqslant \alpha_L m - C_L$ 成立，即 $C_H \geqslant \alpha_H m_L$ 和 $C_L > \alpha_L m_H$ 必须成立。它正是 (b) 所给条件，因此 $(n_{HL}, n_{LH}) = (0, 0)$ 是一个唯一的均衡点。

(c) 当 $C_H \leqslant \alpha_H m_L$ 时，$(n_{HL}, n_{LH}) = (m_H, 0)$ 构成一个均衡点；当 $C_L > \alpha_L m_H$ 时，$(n_{HL}, n_{LH}) = (0, m_L)$ 不是一个均衡点；当 $C_H \leqslant \alpha_H m_L$ 和 $C_L > \alpha_L m_H$ 时，$(n_{HL}, n_{LH}) = (0, 0)$ 也不是一个均衡点。因此当 $C_H \leqslant \alpha_H m_L$ 和 $C_L > \alpha_L m_H$ 时，则 $(n_{HL}, n_{LH}) = (m_H, 0)$ 是一个唯一的均衡点。

(d) 同理可证，当 $C_H > \alpha_H m_L$ 和 $C_L \leqslant \alpha_L m_H$ 时，则有唯一的交流学习均衡 $(n_{HL}, n_{LH}) = (0, m_L)$。

图 5-1 至图 5-4 分别列出了 $\alpha_H m_H - \alpha_L m_L$ 平面上所有可能的均衡情形。在图中，假设 $\alpha_H > \alpha_L$，向下倾斜的两条直线分别反映的是两类不同类型创新群体的所有可能组合。

图 5-1 给出了多重均衡的范围，即要么所有科技含量高的创新群体成员与科技含量低的创新群体成员交流学习，要么所有科技含量低的创新群体成员与科技含量高的创新群体成员交流学习。在这个范围里，交流学习成本相对于因交流学习而增加可交流的人数而言是极低的。

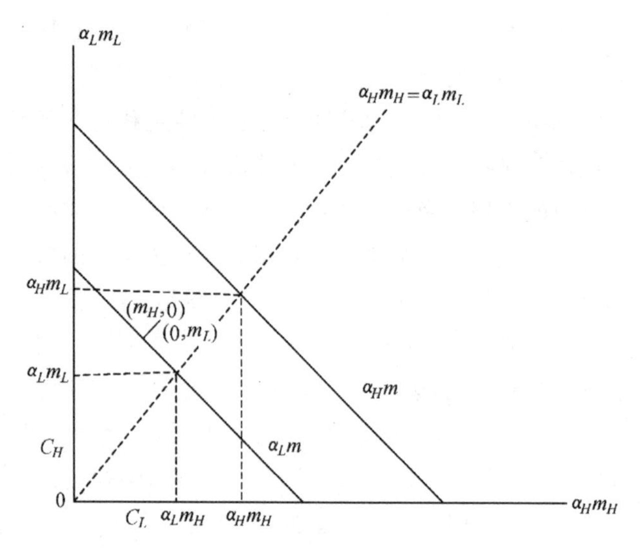


图 5-1　不同类型创新群体成员在低成本 $C_H \leqslant \alpha_H m_L$ 和 $C_L \leqslant \alpha_L m_H$ 时交流学习均衡

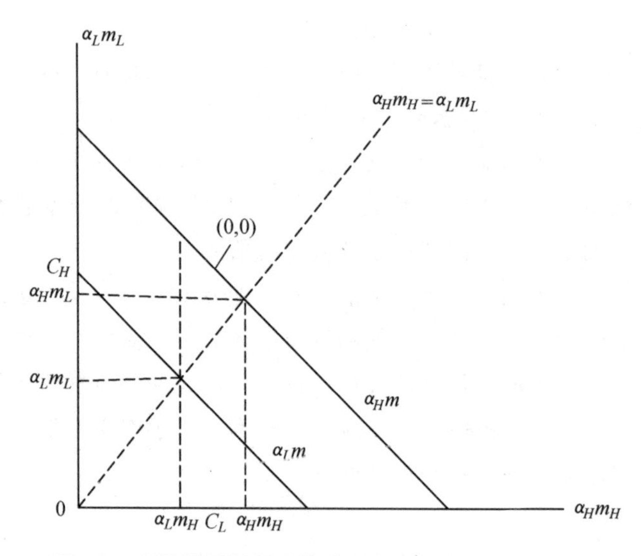


图 5-2　不同类型创新群体成员在高成本 $C_H > \alpha_H m_L$ 和 $C_L > \alpha_L m_H$ 时交流学习均衡

图 5-2 给出了较高的学习成本。在这种情况下，没有一个参数范围对应于多重均衡，在这个中间范围区域，科技含量高的创新群体成员数量与科技含量低的创新群体成员数量差别不大，对应的结果是双方都不与对方交流学习。

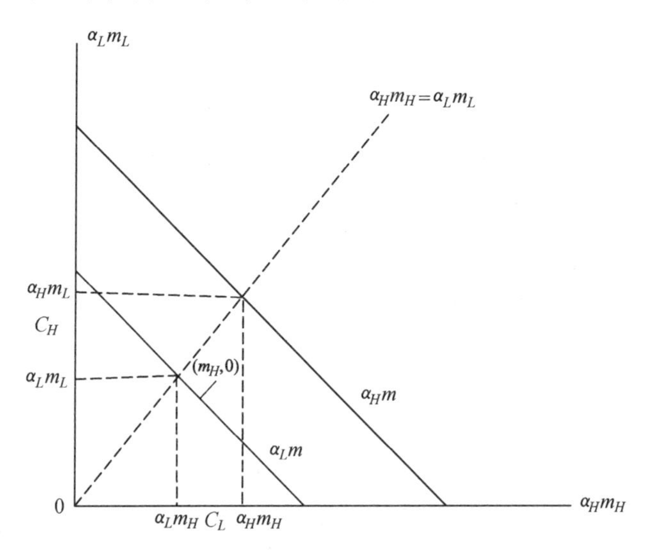


**图 5-3　不同类型创新群体成员在低成本 $C_H \leqslant \alpha_H m_L$ 和高成本 $C_L > \alpha_L m_H$ 时交流学习均衡**

图 5-3 给出了科技含量高的创新群体成员较低的学习成本，而科技含量低的创新群体成员较高的学习成本。在这种情况下，$(n_{HL}, n_{LH})=(m_H, 0)$构成一个唯一的均衡点。在此范围内，所有科技含量高的创新群体成员都与科技含量低的创新群体成员交流学习，而科技含量低的创新群体成员都不与科技含量高的创新群体成员交流学习。$(n_{HL}, n_{LH})=(m_H, 0)$的含义是科技含量高的创新群体成员通过与科技含量低的创新群体成员的交流可以得到很多益处，并且是收获大于学习成本的；相比较而言，科技含量低的创新群体成员无法通过与科技含量高的创新群体成员的交流得到更多益处，这种收获相对于他们交流

学习的成本而言是偏低的。

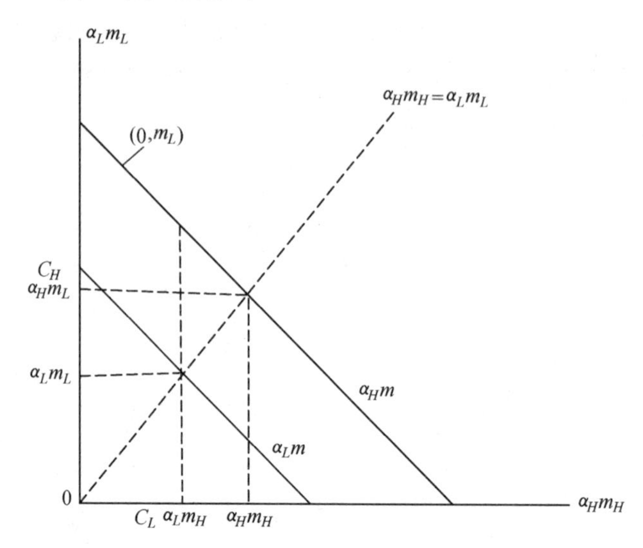


**图 5-4　不同类型创新群体成员在低成本 $C_H > \alpha_H m_L$ 和高成本 $C_L \leqslant \alpha_L m_H$ 时交流学习均衡**

图 5-4 给出了科技含量低的创新群体成员较低的学习成本，而科技含量高的创新群体成员较高的学习成本。在这种情况下，$(n_{HL}, n_{LH})=(0, m_L)$构成一个唯一的均衡点。在此范围内，所有科技含量低的创新群体成员都与科技含量高的创新群体成员交流学习，而科技含量高的创新群体成员都不与科技含量低的创新群体成员交流学习。$(n_{HL}, n_{LH})=(0, m_L)$的含义是科技含量低的创新群体成员通过与科技含量高的创新群体成员的交流可以得到很多益处，并且是收获大于学习成本的；相比较而言，科技含量高的创新群体成员无法通过与科技含量低的创新群体成员的交流得到更多益处，这种收获相对于他们交流学习的成本而言是偏低的。

### 5.1.3 不同类型创新群体成员交流学习均衡的社会福利和市场失灵分析

将不同类型创新群体成员交流学习均衡的社会福利定义为所有创新群体成员的效用之和，即可以表示为

$$W = m_H U_H + m_L U_L \tag{5-3}$$

因此，根据效用函数（5-1）和（5-2）可以计算出下列各式：

$$W(0,0) = m_H U_H + m_L U_L = \alpha_H m_H^2 + \alpha_L m_L^2 \tag{5-4}$$

$$\begin{aligned} W(m_H,0) &= m_H U_H + m_L U_L \\ &= (\alpha_H m - C_H) m_H + \alpha_L m m_L \\ &= m(\alpha_H m_H + \alpha_L m_L) - m_H C_H \end{aligned} \tag{5-5}$$

$$\begin{aligned} W(0,m_L) &= m_H U_H + m_L U_L \\ &= \alpha_H m m_H + (\alpha_L m - C_L) m_L \\ &= m(\alpha_H m_H + \alpha_L m_L) - m_L C_L \end{aligned} \tag{5-6}$$

$$\begin{aligned} W(m_H,m_L) &= m_H U_H + m_L U_L \\ &= (\alpha_H m - C_H) m_H + (\alpha_L m - C_L) m_L \\ &= m(\alpha_H m_H + \alpha_L m_L) - m_H C_H - m_L C_L \end{aligned} \tag{5-7}$$

因此可以得到

$$W(m_H,m_L) < \min[W(m_H,0), W(0,m_L)] \tag{5-8}$$

上述不等式表明每一类创新群体成员全部都向另外一类创新群体成员交流学习时，社会福利最低。

当 $m_H C_H \leqslant m_L C_L$ 时，$W(m_H,0) > W(0,m_L)$；当 $m_H C_H > m_L C_L$ 时，$W(m_H,0) < W(0,m_L)$。这表明，每一类创新群体成员向另外一类创新群体成员交流学习总成本低于另外一类创新群体时，社会福利较高。因此社会的潜在最优结果只能是 $\min[W(m_H,0), W(0,m_L)]$或者是 $W(0,0)$，当且仅当

$$
\begin{aligned}
W(0,0) &= m_H U_H + m_L U_L \\
&= \alpha_H m_H^2 + \alpha_L m_L^2 \leqslant \min[W(m_H,0), W(0,m_L)] \Leftrightarrow
\end{aligned}
$$

$$
\begin{cases}
\alpha_H m_H^2 + \alpha_L m_L^2 \leqslant m(\alpha_H m_H + \alpha_L m_L) - m_H C_H \\
\alpha_H m_H^2 + \alpha_L m_L^2 \leqslant m(\alpha_H m_H + \alpha_L m_L) - m_L C_L
\end{cases} \Leftrightarrow
$$

$$
\begin{cases}
\alpha_H m_H^2 + \alpha_L m_L^2 \leqslant \alpha_H m_H^2 + \alpha_H m_H m_L + \alpha_L m_L^2 + \alpha_L m_H m_L - m_H C_H \\
\alpha_H m_H^2 + \alpha_L m_L^2 \leqslant \alpha_H m_H^2 + \alpha_H m_H m_L + \alpha_L m_L^2 + \alpha_L m_H m_L - m_L C_L
\end{cases} \Leftrightarrow
$$

$$
\begin{cases}
C_H \leqslant (\alpha_H + \alpha_L) m_L \\
C_L \leqslant (\alpha_H + \alpha_L) m_H
\end{cases}
$$

当两类创新群体成员交流学习成本都比较低或者交流学习的网络效应总系数（$\alpha_H + \alpha_L$）比较大的时候，总存在一类创新群体成员向另外一类创新群体成员交流学习。

根据对均衡点和社会福利的分析，可以得到命题 4：

**命题 4**

(a) $\begin{cases} C_H \geqslant (\alpha_H + \alpha_L) m_L \\ C_L \geqslant (\alpha_H + \alpha_L) m_H \end{cases}$成立时，(0，0) 是交流学习均衡点，也是社会最优点；

(b) $\begin{cases} \alpha_H m_L \leqslant C_H \leqslant (\alpha_H + \alpha_L) m_L \\ \alpha_L m_H \leqslant C_L \leqslant (\alpha_H + \alpha_L) m_H \end{cases}$成立时，(0，0) 是交流学习均衡点，但不是社会最优点；

(c) $\begin{cases} C_H \leqslant \min\left[\alpha_H m_L, \dfrac{m_L C_L}{m_H}\right] \\ \alpha_L m_H < C_L < (\alpha_H + \alpha_L) m_H \end{cases}$成立时，($m_H$，0) 是交流学习均衡点，也是社会最优点；

(d) $\begin{cases} C_H \leqslant \min\left[\alpha_H m_L, \dfrac{m_L C_L}{m_H}\right] \\ C_L \geqslant (\alpha_H + \alpha_L) m_H \end{cases}$成立时，($m_H$，0) 是交流学习均衡点，但不是社会最优点；

(e) $\begin{cases} C_L \leqslant \min\left[\alpha_L m_H, \dfrac{m_H C_H}{m_L}\right] \\ \alpha_H m_L < C_H < (\alpha_H + \alpha_L) m_L \end{cases}$ 成立时，（0，$m_L$）是交流学习均衡点，也是社会最优点；

(f) $\begin{cases} C_L \leqslant \min\left[\alpha_L m_H, \dfrac{m_H C_H}{m_L}\right] \\ C_H \geqslant (\alpha_H + \alpha_L) m_L \end{cases}$ 成立时，（0，$m_L$）是交流学习均衡点，但不是社会最优点。

命题4表明当两类创新群体成员学习的成本都比较高或者一类创新群体成员的交流学习成本比较低，另外一类创新群体成员的交流学习成本适中的情况下，均衡点就是社会最优点，不存在市场失灵；当两类创新群体成员交流学习的成本都比较适中或者一类创新群体成员的交流学习成本比较低，另外一类创新群体成员的交流学习成本比较高的情况下，均衡点不是社会最优点，存在市场失灵现象。因此对于一个拥有两类创新群体的国家应该对一类创新群体成员向另外一类创新群体成员交流学习的成本提供补贴，这个补贴是必要的，因为一类创新群体成员向另外一类创新群体成员学习，他们没有考虑自己交流学习会提高另外一类创新群体成员的效用，从而会促进社会福利水平的提高。

### 5.1.4　结果分析

在不同的国家或者同一国家内，不同水平类型的创新群体普遍存在。这些不同水平类型的创新群体相互交流学习对他们自身的创新成功以及社会福利起着重要作用。本节首先定义了两类不同水平类型创新群体成员的交流学习的效用函数；其次分析了三种均衡情况和性质；最后介绍了这三种均衡点和社会最优点的匹配情况，并给出了不同水平类型创新群体成员的交流学习存在市场失灵现象的理论解释以及政府应该给予政策上的补贴支持。

本节的不同水平类型创新群体成员的交流学习福利分析没有考虑到交流学习和维持不同水平类型的创新群体成员存在的两个相关的重要问题：① 多元水平类型创新群体成员存在可以给一个社会或者不同社会的不同创新群体间带来更激烈的竞争，从而带来社会进步；② 一类创新群体成员向另一类创新群体成员交流学习的好处不仅仅限于提高和更多的人进行交流学习的能力，而且还可以提高他们的思维能力、创新能力和创业效率。

## 5.2 共性技术合作人员关系网络对创新的影响分析

### 5.2.1 共性技术合作人员关系网络分析

产学研合作人员关系与创新关系具有重叠部分，因此要理顺这两种关系之间如何通过公共部分发挥影响。本书认为人员关系对创新关系的影响，既取决于人员关系对交集中节点所提供的信息和交集中这些节点在创新关系中的作用，又取决于交集中这些节点的相互作用。通常可以用图 5-5 刻画这些复杂联系。

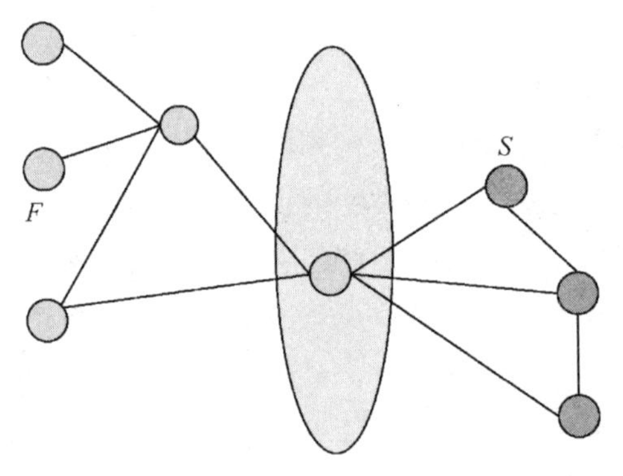


**图 5-5 共性技术合作人员关系与创新关系间的超网络**

在图 5-5 中，椭圆中的公共节点为核心人员，与 4 位产学研合作成员中的 3 人有密切联系；而在创新中与每位成员都有联系。通过构造一个影响强度指标来刻画产学研合作人员关系对创新关系的影响程度大小。

### 5.2.2 共性技术合作人员关系网络对创新影响的度量指标

(1) 共性技术合作人员关系对创新的路径强度

考虑共性技术合作人员关系对创新的影响必然要沿着跨越这两种联系的公共节点的路径进行，因此 $F$ 与 $S$ 之间的公共路径数目的多少必定影响人员关系对创新的作用大小。定义人员关系对创新的路径强度如下：

$$X(F,S)=\sum_{i=1}^{C}\frac{|d_{F:i}^{1}|\times|d_{S:i}^{1}|}{E_F\times E_S} \tag{5-9}$$

其中，$C$ 为人员关系 $F$、创新关系 $S$ 中公共节点的个数；$|d_{F:i}^{1}|$ 为人员关系 $F$ 中到达公共 $i$ 长度为 1 的节点的数目，其等同于 $F$ 中直接到达公共 $i$ 的边数；$|d_{S:i}^{1}|$ 为创新关系 $S$ 中到达公共 $i$ 长度为 1 的节点的数目，其等同于 $S$ 中直接到达公共 $i$ 的边数；$E_F$ 为在人员关系 $F$ 中现有的边数；$E_S$ 为在创新关系 $S$ 中现有的边数。在图 5-5 中，公共节点只有 1 个，$C=1$，在人员关系 $F$ 中，$|d_{F:i}^{1}|=2$，$E_F=5$；在创新关系 $S$ 中，$|d_{S:i}^{1}|=3$，$E_S=5$。因此，可以得到

$$X(F,S)=\sum_{i=1}^{C}\frac{|d_{F:i}^{1}|\times|d_{S:i}^{1}|}{E_F\times E_S}=\frac{2\times 3}{5\times 5}=0.24$$

当 $F$、$S$ 关系中所有边都与唯一公共点相连时，$X(F,S)$ 到达最大值 1。

（2）共性技术合作人员关系的点强度

共性技术合作人员关系节点由于接近公共节点距离的差异，其对创新的影响必定是不同的。设 $|d_F^i|$ 为人员关系 $F$ 中到达公共节点距离为 $i$ 的节点数目，$D$ 为设定的到达公共节点的最长距离，$\delta$ 为衰减系数，$0<\delta<1$，$V_F$ 为人员关系 $F$ 中节点总数，则人员关系 $F$ 的点强度为

$$Y_F = \frac{\sum_{i=1}^{D} \delta^{i-1} |d_F^i|}{V_F} \tag{5-10}$$

公式（5-10）表明人员关系 $F$ 中节点趋向公共节点的稠密程度，即距离公共节点的密度越大，其对创业的影响力越强。当人员关系 $F$ 中所有节点都与公共节点直接相连时，$Y_F$ 到达最大值 1。在图 5-5 中，设定 $D=2$，$\delta=0.5$，$|d_F^1|=2$，$|d_F^2|=2$，$V_F=4$，则人员关系 $F$ 的点强度为

$$Y(F,S) = \frac{\sum_{i=1}^{D} \delta^{i-1} |d_F^i|}{V_F} = \frac{2+0.5\times 2}{4} = 0.75$$

（3）共性技术合作人员关系对创新的影响强度

由公式（5-9）和公式（5-10），可以得到共性技术合作人员关系对创新的影响强度：

$$Z_{F\to S} = X(F,S)\frac{Y_F}{Y_F+Y_S} \tag{5-11}$$

这个公式表明人员关系 $F$ 对创新的影响强度，不仅取决于跨越人员关系和创新的桥梁数目，还取决于人员关系 $F$ 相对于创新趋向公共节点的点密度的相对分量。$Z_{F\to S}$ 数值越大，就表明人员关系 $F$ 对创新的影响越强烈。

### 5.2.3　共性技术合作人员利用关系的创新过程描述及对创新影响程度分析

(1) 共性技术合作人员利用关系的创新过程描述

分析共性技术合作人员关系与创新关系是社会关系中两个关系。在共性技术合作人员关系中，可能是开发设计人员或者科技成果转化人员，同时在合作创新中可能是领军人才或者是普通创新者。不论研究人员是什么角色，人员关系必须通过公共节点发生作用和影响。下面研究人员利用人员关系的创新过程。图 5-6 显示了一个人员关系与合作创新的关系。从图 5-6 到图 5-7 和 5-8，再到图 5-9 说明一个研究人员逐步与关系成员 $i$ 所在的同一领域的创新过程：① 创新前阶段，只有节点 $i$ 在该领域创新；② 研究人员节点 $j$ 进入 $i$ 同一领域创新，但没有与该领域的其他人员建立联系，只能通过 $i$ 现有的联系进行创新；③ 研究人员节点 $j$ 已经与该领域的人员建立联系；④ 研究人员节点 $j$ 与人员 $i$ 完全共享创新过程的人员联系。具体过程描述如下：

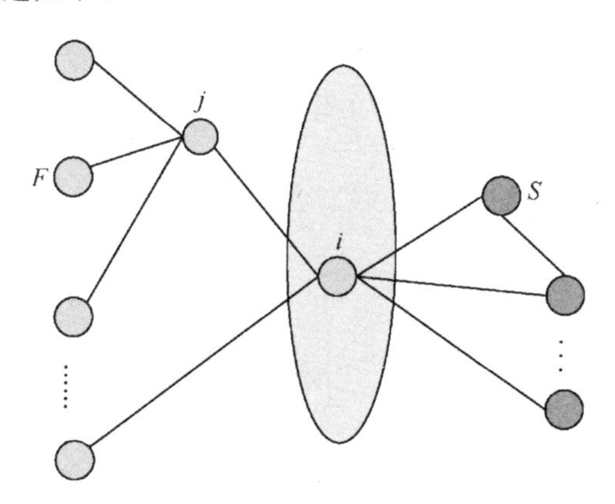


**图 5-6　唯一公共节点 $i$ 进行创新，与其关系人员节点 $j$ 有直接联系**

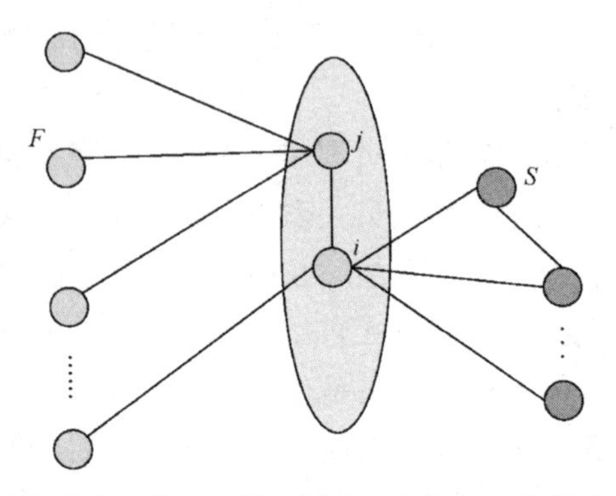


图 5-7 研究人员节点 $j$ 进入 $i$ 同一领域，但没有与该领域人员建立联系

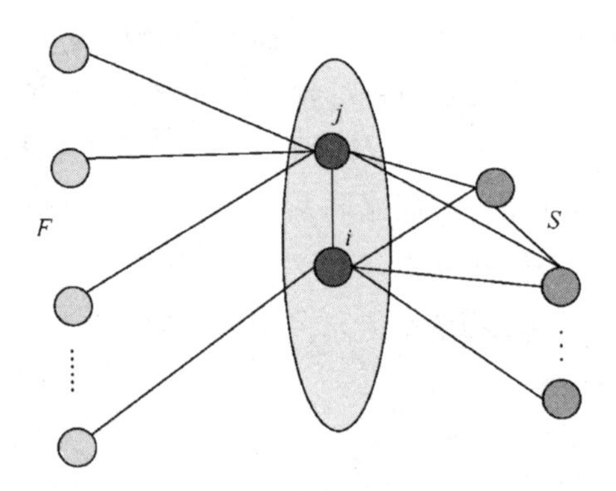


图 5-8 研究人员节点 $j$ 已经与该领域的人员建立联系

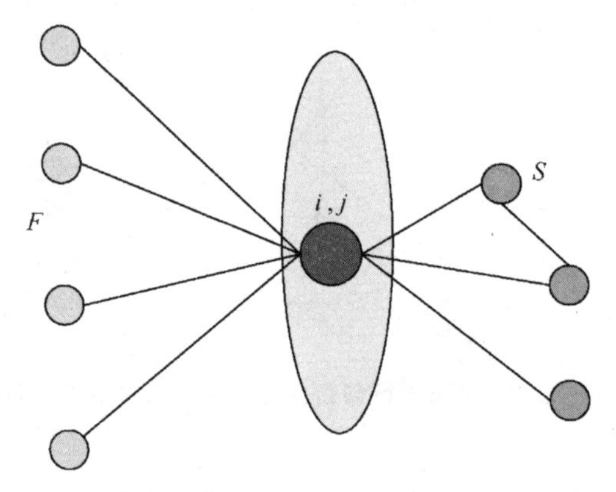


图 5-9 研究人员节点 $j$ 与 $i$ 完全共享创新领域的人员

4 个图显示了不同情形下人员关系对创新联系作用影响方式，椭圆的左侧为人员关系，右侧为创新联系，中间的椭圆部分为跨越关系与创新两个联系的公共部分。

假定人员关系 $F$，节点总数为 $V_F$，边数为 $E_F$；创新关系 $S$，节点总数为 $V_S$，边数为 $E_S$；同时假定 $i$ 在人员关系 $F$ 中有 $m$ 条连接，在创新关系 $S$ 中有 $n$ 条连接，节点 $j$ 在家庭关系 $F$ 中有 $r$ 条连接；节点 $j$ 和 $i$ 共享节点数为 $pm$（其中 $p$ 为共享的概率），在这里假定两个关系的节点到达公共节点的最大距离为 2。

由于 $j$、$i$ 在人员关系中的紧密联系，它们在网络中必然分享对方的共同资源。将分享的共同资源分为两类：一类是 $j$、$i$ 分享对方节点；另一类是分享对方的连接关系，即借助特殊关系，借用对方的连接关系，例如 $j$ 节点通过边 $e$（$j$，$i$）借用 $i$ 节点的创新关系。

在图 5-6 中，到达公共节点的距离为 1 的节点数为 $m$，则距离为 2 的节点数为 $V_F-m$。根据公式，可以得出人员关系 $F$ 对创新关系 $S$ 的影响程度为

$$Z_{F\to S}=\frac{mn}{E_F E_S}\times\frac{\dfrac{m+\delta\,(V_F-m-1)}{V_F}}{\dfrac{m+\delta\,(V_F-m-1)}{V_F}+\dfrac{n+\delta\,(V_S-n-1)}{V_S}} \tag{5-12}$$

在图 5-7 中，人员节点 $j$ 进入与 $i$ 同一的创新领域，但暂时还没有与该创新领域的成员建立联系，假设此时人员节点 $j$ 以概率从 $p_j$ 从 $i$ 的创新领域关系中借用 $p_j n$ 边进行联系，同时节点 $i$ 以概率从 $p_i$ 从 $j$ 的人员关系中借用 $p_j r$ 边进行联系。在人员节点 $j$ 进入创新领域成为公共节点时，与其连接的 $r-pm$ 个节点的距离长度缩短为 1。根据上述分析，可以得出人员关系 $F$ 对创新关系 $S$ 的影响程度为

$$Z_{F\to S}=\frac{r\times p_j n+(m+p_i r)n}{E_F E_S}\times\frac{\frac{m+r-pm+\delta(V_F-m-r+pm-2)}{V_F}}{\frac{m+r-pm+\delta(V_F-m-r+pm-2)}{V_F}+\frac{n+\delta(V_S-n-1)}{V_S}} \tag{5-13}$$

在图 5-8 中，人员节点 $j$ 成为公共节点，同样与该创新领域的 $n$ 个成员建立联系，其中 $pn$ 个为 $j$ 和 $i$ 创新成员的共享节点，可以得出人员关系 $F$ 对创新关系 $S$ 的影响程度为

$$Z_{F\to S}=\frac{(r+p_j m)\times(n+p_j n)+(m+p_i r)\times(n+p_i n)}{E_F(E_S+n)}\times\frac{\frac{m+r-pm+\delta(V_F-m-r+pm-2)}{V_F}}{\frac{m+r-pm+\delta(V_F-m-r+pm-2)}{V_F}+\frac{n+(1-p)n+\delta(V_S-n-(1-p)n-1)}{V_S}} \tag{5-14}$$

在图 5-9 中，这是一种终极状态，$j$ 和 $i$ 完全共享对方的联系，可以得出人员关系 $F$ 对创新关系 $S$ 的影响程度为

$$Z_{F\to S}=\frac{(r+m)\times(n+n)+(m+{}_i r)\times(n+n)}{E_F(E_S+n)}\times\frac{\frac{m+r-pm+\delta(V_F-m-r+pm-2)}{V_F}}{\frac{m+r-pm+\delta(V_F-m-r+pm-2)}{V_F}+\frac{n+(1-p)n+\delta(V_S-n-(1-p)n-1)}{V_S}} \tag{5-15}$$

### 5.2.4 研究人员利用关系对创新过程影响程度分析

通过研究人员利用关系进行创新的四种情况下（对应图 5-6、图 5-7、图 5-8、图 5-9），分析人员关系对创新的影响程度变化，应用公式（5-12）、公式（5-13）、公式（5-14）、公式（5-15）做数值模拟实验，得到图 5-10。其中 $V_F=20$，$V_S=150$，$E_F=200$，$E_S=450$，$\delta=0.5$，$p_j=p_i=p=0.8$，$n=40$。

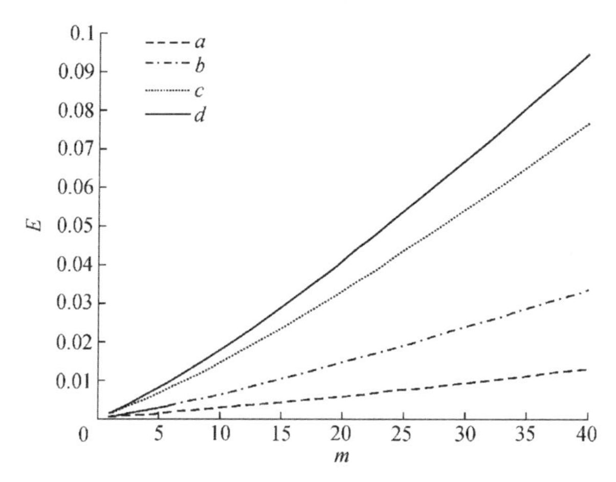


**图 5-10　影响强度随公共节点在人员关系连接数目 *m* 变化时的情况**

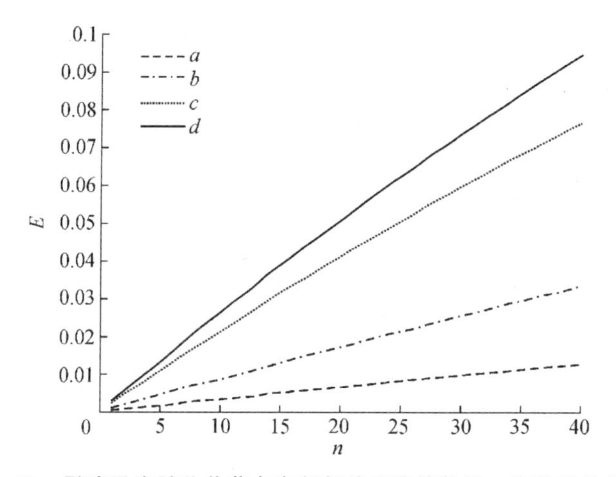


**图 5-11　影响强度随公共节点在创新关系连接数目 *n* 变化时的情况**

图 5-10、图 5-11 表明，人员关系 $F$ 影响创新的强度随着公共节点在人员关系的连接数目或者创新中的连接数目增加而不断增加，并且有 $E_d > E_c > E_b > E_a$。

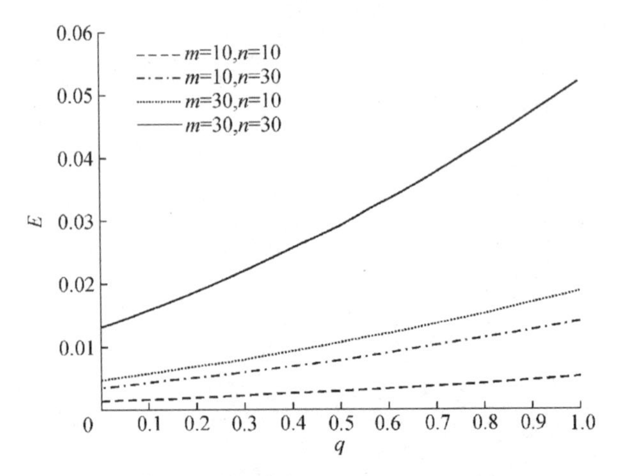


**图 5-12 影响强度随公共节点共享人员联系或者创新联系的 $p_i = p_j = q$ 变化情况**

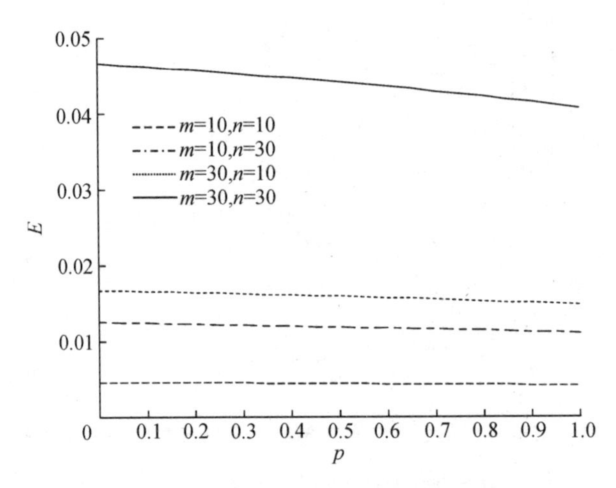


**图 5-13 影响强度随共享人员或者创新节点 $p$ 概率的变化情况**

图 5-12 表明，人员关系 $F$ 影响创新的强度随着公共节点共享人员联系的概率或者创新联系的概率的增加而不断增加，并且区分出对公共节点原有的联连接点数目的四种差异性，即

$m=10$，$n=10$；$m=10$，$n=30$；$m=30$，$n=10$；$m=30$，$n=30$。整体来看，其对应的影响强度依次递增，而 $m=10$，$n=10$；$m=10$，$n=30$；$m=30$，$n=10$ 三种情况的变化不显著。图 5-13 表明，影响强度随共享人员节点或者创新节点 $p$ 概率的增加而减少。整体来看，其对应的影响强度依次递减，而 $m=10$，$n=10$；$m=10$，$n=30$；$m=30$，$n=10$ 三种情况的变化不显著。很明显共享人员联系或者创新联系的概率 $q$ 对人员关系 $F$ 影响创新的强度增加幅度超过共享家人的节点或者创新节点 $p$ 概率的变化。

### 5.2.5　不同情况讨论和结果分析

（1）不同情况的讨论

通过研究人员利用关系进行创新的四种情况下图 5-6 到图 5-8 显示的四种情况，从 $a$ 到 $b$、$c$ 再到 $d$，说明了一个研究人员逐步进入与自己关系亲密者创新领域的全过程。随着这个过程的进行，研究人员关系对创新的强度在不断增加，到最后两人完全共享双方的资源，这时研究人员关系对创新关系的影响强度到达最大值。

随着公共节点在人员关系连接数目 $m$ 或者创新关系连接数目 $n$ 的增加，研究人员关系对创新的影响强度也不断增加，这与研究人员实际创新的现实是一致的。由于研究人员关系与创新关系内部连接度的差异，公共节点在这两种关系的连接度也不同。在图 5-12 中，四种 $m$、$n$ 的不同组合代表四种不同类型的公共节点。比如公共节点在研究人员关系中是内向型研究人员（$m=10$），同时在创新关系中又是一个普通人员（$n=10$）；如果是内向型研究人员（$m=10$），同时在创新关系中又是一个核心人物（$n=30$）；如果是活跃型研究人员（$m=30$），同时在创新关系中又是一个普通人员（$n=10$）；如果是一活跃型研究人员（$m=30$），同时在创新关系中又是一个核心任务

($n=30$)。图 5-12 表明，公共节点在研究人员关系或者创新关系的地位越高（连接数目越大），研究人员关系对创新关系的影响强度越大。

比较共享连接关系与共享节点的差异，图 5-12、图 5-14 显示共享连接关系和共享节点进行比较，研究人员关系对创新关系的影响强度大。这是因为共享连接关系十分有利于人员关系和创新关系这两个网络之间连通路径的建立。在研究人员关系对创新关系的影响强度中，共享双方的联系更有助于超网络的形成。因此，研究人员关系对创新影响强度的大小，反映了研究人员朋友圈对创新的影响，研究人员和朋友同在一个技术领域，将有助于研究人员取得创新成功。这就从网络的角度解释了研究人员往往从朋友的技术领域开始创新的社会合理性及内在的科学合理性。

(2) 结果分析

研究人员朋友圈关系对创新关系的影响在研究人员创新的现实中普遍存在，这两种关系之间产生非常复杂的相互作用行为。本节首先定义了研究人员关系对创新路径强度 $X(F,S)$；其次定义了研究人员关系的点强度；最后给出了研究人员关系对创新的影响强度指标 $Z_{F\to S}$，并利用该指标分析了研究人员创新过程中研究人员关系对创新的影响以及给出了超网络上的理论解释。

现实中研究人员创新对应于研究人员的朋友圈和创新关系的超网络，一般的方法是将其单独的关系抽取出来单独进行研究，这种方法割裂了两者之间的内在联系。本节给出的研究人员关系对创新的影响强度指标，有利于揭示研究人员关系和创新关系之间的相互作用关系，并从理论上解释，即研究人员创新的成功不仅仅依靠创新过程的顺利进行，还和研究人员朋友圈关系密切相关。因此要提高研究人员创新成功的概率，可以从改善研究人员的朋友圈和创新的关系着手。

## 5.3 基于资源、竞争和环境涨落的产学研创新研究

### 5.3.1 资源限制下产学研创新人数的一维逻辑斯蒂增长模型

考虑自然资源和人口规模有限导致的产学研创新规模的限制，建立如下模型：

$$\frac{\mathrm{d}x}{\mathrm{d}t}=f(x)=bx(N-x)-Dx=bx(N^{*}-x) \quad (5\text{-}16\mathrm{a})$$

$$x^{*}=N^{*}=N-\frac{D}{b} \quad (5\text{-}16\mathrm{b})$$

式中，$t$ 是时间，$x$ 是产学研创新的人口数；$N$ 是特定资源的负载能力，它是相应技术的函数，对同样的自然资源而言，更高的技术对应着更高的资源负载能力；$b$ 是产学研创新的增长率。$N^{*}$ 是资源限制下达到的稳态产学研创新人数，$x$ 是已知产学研创新的人数，（$N-x$）是后创新者或未知创新者的数量。$b$ 和 $D$ 分别表示创新的成功率和失败率。这个方程的解是S形曲线，资源上限为 $N^{*}$。

在一定的历史条件下，特定资源 $N$ 是已有技术、人口、资源限度、价格和成本结构的函数，不仅仅是总人口的概念。例如，虽然2017年末中国就业人口已经达到77640万人，但中国适合产学研创新的地区主要分布在中国东部的一些经济发达的地区，如广东、浙江、江苏。现代创新的特征可以用一系列的创新活动来表示，每一次创新将环境资源的规模提升到一个新的台阶。逻辑斯蒂曲线有着变化的规模报酬率（先递增而后递减）。从方程（5-16）可知，函数 $f(x)$的一阶导数当$x<N^{*}$时，有 $f'>0$。S形曲线的拐点是 $x=N^{*}$，该点的二阶导

数 $f''=0$。当 $0<x<N^*$ 时，$f''>0$，增长为递增，而 $x>\frac{N^*}{2}$ 时，$f''<0$，增长为递减。

### 5.3.2 资源重叠、动态均衡和二维竞争模型

产学研不同种类创新的特征包括规模经济和范围经济，因此可以从一维的描述创新人数的逻辑斯蒂模型，推广到二维的产业一方和学研另一方创新竞争模型。当两类创新人群进行创新竞争时，可以建立如下的竞争方程：

$$\begin{cases}\frac{\mathrm{d}x_1}{\mathrm{d}t}=b_1x_1(N_1-x_1-\rho_1x_2)-D_1x_1=b_1x_1\left(N_1-\frac{D_1}{b_1}-x_1-\rho_1x_2\right)\\ \frac{\mathrm{d}x_2}{\mathrm{d}t}=b_2x_2(N_2-x_2-\rho_2x_1)-D_2x_2=b_2x_2\left(N_2-\frac{D_2}{b_2}-x_2-\rho_2x_1\right)\end{cases}\tag{5-17a}$$

式中，$x_1$、$x_2$ 分别是产业一方和学研另一方的创新人数；$N_1$ 和 $N_2$ 分别表示各自资源的负载能力；$b_1$ 和 $b_2$ 是他们的成功率；$D_1$ 和 $D_2$ 是他们的失败率；$\rho_1$ 和 $\rho_2$ 是资源重叠系数($0<\rho_1$，$\rho_2<1$)。引入有效资源负载量 $C_i=N_i-D_i/b_i$，式（5-17a）可简化为

$$\begin{cases}\frac{\mathrm{d}x_1}{\mathrm{d}t}=f(x_1,x_2)=b_1x_1(N_1-x_1-\rho_1x_2)-D_1x_1=b_1x_1(C_1-x_1-\rho_1x_2)\\ \frac{\mathrm{d}x_2}{\mathrm{d}t}=g(x_1,x_2)=b_2x_2(N_2-x_2-\rho_2x_1)-D_2x_2=b_2x_2(C_2-x_2-\rho_2x_1)\end{cases}\tag{5-17b}$$

当 $\rho_1$ 和 $\rho_2$ 为零时，竞争不存在，产业一方和学研另一方创新都增长到各自资源负载容许的最大极限 $C_1$ 和 $C_2$。当 $\rho_1$ 和 $\rho_2$ 不为零时，他们可能共存，也可能一个替换另一个。两种类别创新人数竞争的结果依赖于公式中的参数和初始条件。

（1）竞争模型的平衡点和稳定性分析

根据微分方程组（5-17b)，求解代数方程组，可以得到 4

个平衡点：$Q_1(C_1,0)$，$Q_2(C_2,0)$，$Q_3\left(\frac{C_1-\rho_1 C_2}{1-\rho_1\rho_2},\frac{C_2-\rho_2 C_1}{1-\rho_1\rho_2}\right)$，$Q_4(0,0)$。因为只有当平衡点位于平面坐标系的第一象限时，才有实际意义，所以 $Q_3$ 需求符合3个条件，即 $\rho_1\rho_2<1$ 以及 $\rho_1<\frac{C_1}{C_2}$ 和 $\rho_2<\frac{C_2}{C_1}$。根据判断平衡点稳定性的方法计算：

$$\mathbf{A}=\begin{bmatrix} f_{x_1} & f_{x_2} \\ g_{x_1} & g_{x_2} \end{bmatrix}=\begin{bmatrix} b_1(C_1-2x_1-\rho_1 x_2) & -b_1\rho_1 x_1 \\ -b_2\rho_2 x_2 & b_2(C_2-2x_2-\rho_2 x_1) \end{bmatrix} \tag{5-18}$$

$$p=-(f_{x_1}+g_{x_2})\Big|_{Q_I},i=1,2,3,4 \tag{5-19}$$

$$q=\det\mathbf{A}\Big|_{Q_I},i=1,2,3,4 \tag{5-20}$$

将4个平衡点 $p$、$q$ 的结果及稳定条件列于表5-1中。

根据建模过程中 $\rho_1$ 和 $\rho_2$ 的含义，具体分析 $Q_1$、$Q_2$、$Q_3$、$Q_4$ 点在创新上的意义：

① $\rho_1<\frac{C_1}{C_2}$，$\rho_2>\frac{C_2}{C_1}$。$\rho_1<\frac{C_1}{C_2}$意味着对培育产业方创新的资源竞争中，学研方弱于产业方；$\rho_2>\frac{C_2}{C_1}$意味着对培育学研方创新的资源竞争中，学研方同样弱于产业方。因此，学研方在该领域上的创新人数将趋于0，产业方创新人数趋于最大量，即平衡点 $Q_1(C_1,0)$。例如，在家具业、建筑业和美容业等行业的创新上，产业方的创新人数最多，学研方的创新人数最低，接近为0。

表 5-1　产业一方和学研另一方的创新竞争模型的平衡点和稳定性

| 平衡点 | $p$ | $q$ | 判定条件 |
| --- | --- | --- | --- |
| $Q_1(C_1,0)$ | $b_1C_1-b_2(C_2-\rho_2C_1)$ | $-b_1b_2C_1(C_2-\rho_2C_1)$ | $\rho_1<\frac{C_1}{C_2},\rho_2>\frac{C_2}{C_1}$ |
| $Q_2(C_2,0)$ | $b_1C_1-b_2(C_2-\rho_2C_1)$ | $-b_1b_2C_1(C_2-\rho_2C_1)$ | $\rho_1>\frac{C_1}{C_2},\rho_2<\frac{C_2}{C_1}$ |
| $Q_3\left(\frac{C_1-\rho_1C_2}{1-\rho_1\rho_2},\frac{C_2-\rho_2C_1}{1-\rho_1\rho_2}\right)$ | $\frac{b_1C_1\left(1-\rho_1\frac{C_2}{C_1}\right)+b_2C_2\left(1-\rho_2\frac{C_1}{C_2}\right)}{1-\rho_1\rho_2}$ | $\frac{b_1b_2C_1C_2\left(1-\rho_1\frac{C_2}{C_1}\right)\left(1-\rho_2\frac{C_1}{C_2}\right)}{1-\rho_1\rho_2}$ | $\rho_1<\frac{C_1}{C_2},\rho_2<\frac{C_2}{C_1}$ |
| $Q_4(0,0)$ | $-(b_1C_1+b_2C_2)$ | $b_1b_2C_1C_2$ | 不稳定 |

② $\rho_1>\frac{C_1}{C_2}$，$\rho_2<\frac{C_2}{C_1}$。$\rho_1>\frac{C_1}{C_2}$意味着对培育产业方创新的资源竞争中，学研方强于产业方；$\rho_2<\frac{C_2}{C_1}$意味着对培育学研方创新的资源竞争中，学研方同样强于产业方。因此，产业方在该领域上的创新人数将趋于0，学研方创新人数趋于最大量，即平衡点$Q_2(C_2,0)$。例如，在深海探测领域的创新上，学研方创新人数最多，产业方创新的人数最低，接近为0。

③ $\rho_1<\frac{C_1}{C_2}$，$\rho_2<\frac{C_2}{C_1}$。$\rho_1<\frac{C_1}{C_2}$意味着对培育产业方创新的资源竞争中，学研方较弱；$\rho_2<\frac{C_2}{C_1}$意味着对培育学研方的资源竞争中，产业方较弱。于是双方可以达到共存的稳定的平衡点$Q_3\left(\frac{C_1-\rho_1 C_2}{1-\rho_1\rho_2},\frac{C_2-\rho_2 C_1}{1-\rho_1\rho_2}\right)$。例如，在互联网、人工智能和大数据等领域的创新上，产业方和学研方创新的人数都各自有一定的比例。

④ $\rho_1>\frac{C_1}{C_2}$，$\rho_2>\frac{C_2}{C_1}$。$\rho_1>\frac{C_1}{C_2}$意味着对培育产业方创新的资源竞争中，学研方强于产业方；$\rho_2>\frac{C_2}{C_1}$意味着对培育学研方的资源竞争中，产业方强于学研方。于是双方进行创新资源的恶性竞争$Q_4(0,0)$，这是一个不稳定点，这种创新情况很少出现。

产业方和学研方创新中存在一个竞争排斥原理：若两种类别的单个成员消耗的资源差不多相同，而资源环境能承受的产业方资源数量$C_1$大于学研方资源数量$C_2$，那么产业方将胜出，学研方创新人数为0。胜者的条件是具有更高的资源负载量，更高的成功率，或更低的失败率。

(2) 不同技术变化下的创新阶段

新旧技术对产业方创新有重要影响。新技术的特征是比旧技术有更高的资源负载能力。当新技术成长起来以后，产业方创新和学研方创新共存的条件为

$$\rho_1 < \frac{C_1}{C_2}, \ \rho_2 < \frac{C_2}{C_1} \tag{5-21a}$$

产业方创新和学研方创新共存的稳态解为

$$\begin{cases} x_1 = \dfrac{C_1 - \rho_1 C_2}{1 - \rho_1 \rho_2} < C_1 \\ x_2 = \dfrac{C_2 - \rho_2 C_1}{1 - \rho_1 \rho_2} < C_2 \end{cases} \tag{5-21b}$$

两种技术共存的稳态值分别低于没有竞争者时创新的稳态值。两者加总的整体经济的红色包络线，呈现出宏观上既有增长又有波动的特征（见图5-14）。每种技术都是由规模递增到规模递减的增加过程，可由不同资源负载量的逻辑斯蒂曲线描写。新技术取代旧技术，或与旧技术竞争共存的转折时期，加总的创新人数会由于旧技术效率的下降而出现暂时的下降，呈现出又有增长又有波动的运动。

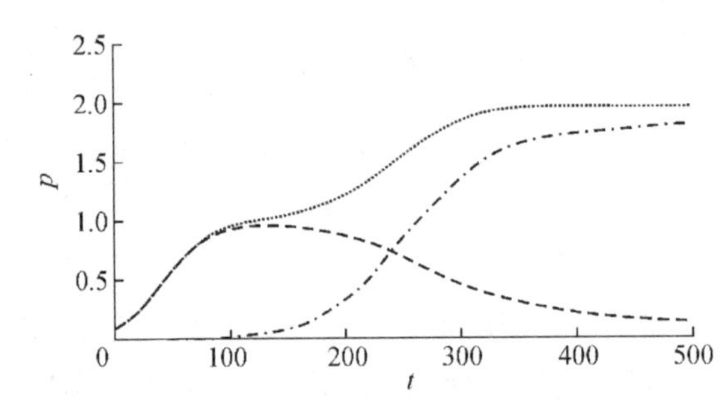


**图5-14　新技术对旧技术的创新人数的变化关系**

### 5.3.3　面临新技术和新市场时的不同风险偏好的产业方创新

在产业方创新的表现来看，可观察的不是他们的理性动

机，而是行为态度。考虑行为因素在创业上的表现，当面对一个未知的创新市场或者尚未被大众接受的创新技术时，可以观察到风险规避和风险爱好的相反取向。风险规避者的特点是从众行为，人少观望，人多跟进，以规避进入新领域的未知风险；风险爱好者的特点是冒险行为，人少勇进，人多离群，以把握占领新领域的可能机会。具体可以描述如图 5-15 所示。

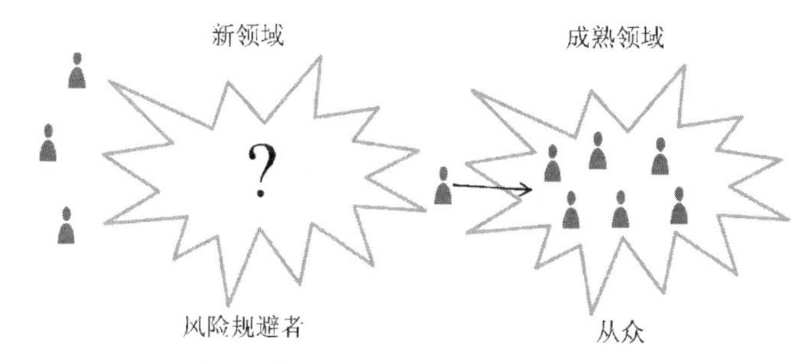


(a) 风险规避者的特点是从众行为，人少观望，人多跟进，以规避进入新领域的未知风险

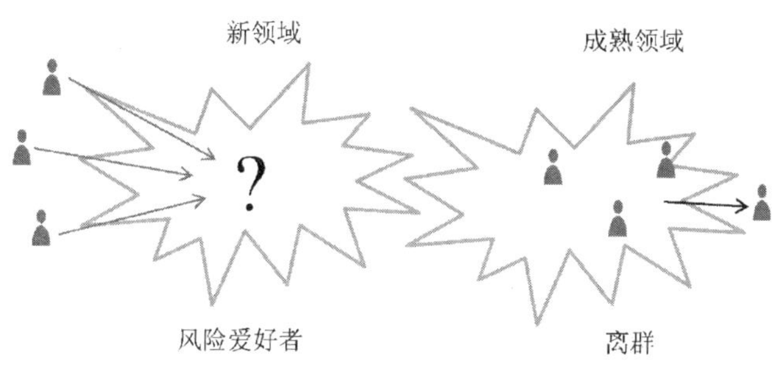


(b) 风险爱好者的特点是冒险行为，人少勇进，人多离群，以把握占领新领域的可能机会

**图 5-15　不同风险偏好行为的产业方创新特点**

前述的产业方创新人数的一维逻辑斯蒂模型方程，主要描述了在失败率是常数下的产业方创新的风险中性行为。为了分析产业方创新的不同风险偏好，引入一个非线性的失败率函数，它是已知的产业方创新在总人口中的比率和风险偏好系

数 $a$：

$$D\left(d,\ c,\ \frac{x}{N}\right)=d\left(1-a\,\frac{x}{N}\right) \tag{5-22}$$

这里，$-1<a<1$，将常数 $d$ 当作产业方创新的测量。系数 $a$ 是风险倾向的测量，当 $0<a<1$，它描写保守的风险规避行为，当只有很少的产业方进入创新时，不愿意创新，当越来越多的人进入创新时，愿意创新的人数量增加；反之，若 $-1<a<0$，它描写风险爱好行为，当只有很少的人进入创新时，愿意创新，当越来越多的人进入创新时，不愿意创新。如果用一根横轴 $a$ 来代表产业方创新风险偏好的程度，$a$ 从 $-1$ 变到 $+1$，可以得到一个完整的行为谱。轴的左端是高度风险偏好，例如传统的计划经济和当代的市场经济产业方创新行为，渐次从左端过渡到右端的风险偏好，多数的创新行为处在两个极端之间。

（1）不同风险偏好下产业方创新的资源利用效率情况

资源限制下的稳态产业方创新人数可以从方程（5-22）求出，在非中性行为的条件下，公式（5-16b）的修正如下：

$$\frac{x^*}{N}=\frac{\left(1-\dfrac{d}{Nb}\right)}{\left(1-\dfrac{ad}{Nb}\right)} \tag{5-23}$$

不同的风险倾向导致了不同的资源利用效率。具有风险偏好行为的产业方创新资源利用率低于风险规避的资源利用率：

$$x^*_{c<0}<x^*_{c=0}<x^*_{c>0} \tag{5-24}$$

当 $Nb=1$，对风险规避型，$d=0.2$，$a=0.5$，有 $x^*_{0.5}=0.89N$；面对代表风险偏好行为的，$d=0.9$，$a=-0.5$，有 $x^*_{-0.5}=0.069N$。

从式（5-24）可以得到一个重要推论，要维持同样的产业方创新均衡人口规模 $n^*$，具有风险偏好行为比风险规避的行为需要更大的资源空间。中国地少人多，中国产业方创新行为应该建立在规避行为的基础上，即建立在节省资源、开发智力和多样发展的技术创新，才能发展资源稀缺、人口众多、地域多样的中国产业。

（2）环境涨落对女性创业广度和稳定性的影响

考虑无法预料的因素，使得资源负载量 $N$ 受到随机冲击的影响，随机变量的方差为 $\sigma^2$，可以建立如下的模型：

$$\begin{cases} \dfrac{\mathrm{d}x}{\mathrm{d}t}=f(x)=bx(N-x)-Dx=(bN-d)x-\left(b-\dfrac{ad}{N}\right)x^2 \\ N=N+\dot{\xi} \end{cases} \tag{5-25}$$

应用随机积分方法，得到偏差函数为

$$f_C(x)=bx(N-x)-Dx=(bN-d)x-\left(b-\frac{ad}{N}\right)x^2-\frac{x}{2}\sigma^2 \tag{5-26}$$

$$x^*=N\frac{\left(1-\dfrac{d}{bN}-\dfrac{\sigma^2}{2bN}\right)}{\left(1-\dfrac{ad}{bN}\right)}<N \tag{5-27}$$

$$x^*=0\text{，当 }\sigma>\sigma_c=\sqrt{2bN\left(1-\frac{d}{bN}\right)}\text{ 时} \tag{5-28}$$

环境涨落下的产业方创新稳态人数小于没有涨落时的稳态人数。当涨落方差大到超过某一临界值时，产业方创新系统会突然崩溃（$x^*=0$）。

### 5.3.4　创新竞争、风险偏好和共性技术合作创新的稳定性问题

共性技术合作创新能否发展，不同风险偏好创新竞争排斥还是共存，可以使用不同风险偏好的产业方创新竞争模型，把风险偏好的函数（5-22）引入竞争方程（5-17）。两个具有不同风险偏好的竞争模型可写为

$$\begin{cases}\dfrac{dx_1}{dt}=b_1x_1(N_1-x_1-\rho_1x_2)-d_1\left(1-a_1\dfrac{x_1}{N_1}\right)x_1\\ \dfrac{dx_2}{dt}=b_2x_2(N_2-x_2-\rho_2x_1)-d_2\left(1-a_2\dfrac{x_2}{N_2}\right)x_2\end{cases}$$

(5-29a)

式中，$x_1$、$x_2$ 分别是产业方创新和学研方创新人数。在创新竞争中，他们分别代表已经进行了成功创新。

上述模型可以简化为

$$\begin{cases}\dfrac{dx_1}{dt}=(b_1N_1-d_1)x_1\left[1-\dfrac{b_1N_1-a_1d_1}{(b_1N_1-d_1)N_1}x_1-\dfrac{\rho_1b_1}{b_1N_1-d_1}x_2\right]\\ \dfrac{dx_2}{dt}=(b_2N_2-d_2)x_2\left[1-\dfrac{b_2N_2-a_2d_2}{(b_2N_2-d_2)N_2}x_2-\dfrac{\rho_2b_2}{b_2N_2-d_2}x_1\right]\end{cases}$$

(5-29b)

(1) 赶超战略和熊彼特的创新精神

根据上述方法，求出产业方创新赶超并取代学研方创新的条件：

$$\rho_2>\frac{C_2}{C_1}+\frac{\dfrac{2a_1d_1}{N_1}-b_1}{b_2} \tag{5-30}$$

和式（5-18）相比，式（5-30）包括了非中性的风险偏好行为。从式（5-30）可见，具有风险偏好的产业方创新更容易赶超战略学研方创新，甚至有可能在稍为落后情形下，接近和取代学研方创新领域。例如，华为是技术驱动型企业，从华为现有三大业务板块来看，无论是运营商业务、企业业务，还是消费者业务，华为是靠产品创新、解决方案创新，赢得了客户和用户，在基础通信、续航、拍照、芯片、人工智能、软硬件优化等众多方面，确立了行业领先地位，远超于任何一个学研方技术创新领域。

产业方创新要和学研方创新进行竞争，唯一的生存战略是进行技术创新，扩张资源的负载量（增加 $N_1$），或提高自己的学习能力（增加 $b_1$ 或减小 $d_1$）。如果把产业方创新精神看成一种风险偏好型行为，就能得出技术创新是产业方创新的生命线。一旦产业方创新没能扩张新的资源，具有风险偏好行为产业方创新在创新竞争中，输给学研方。

（2）竞争共存的条件和复杂系统的多样性

可以用产业方创新和学研方创新的共存来描述创新发展的多元化趋势。从式（5-29b）可以求出这两个不同类别创新共存的条件：

$$\rho_1 < \frac{C_1}{C_2}\left(1-\frac{a_2 d_2}{b_2 N_2}\right) \text{且} \ \rho_2 < \frac{C_2}{C_1}\left(1-\frac{a_1 d_1}{b_1 N_1}\right) \qquad (5\text{-}31)$$

式（5-31）比较复杂，这里集中讨论完全竞争（$\rho_1=\rho_2=1$）的情形：

式（5-31）和式（5-21）相比，有更一般的理论结果。公式（5-21a）中，两个完全竞争的产业方和学研方创新不可能共存。但从式（5-31）中可以看出，虽然两个风险规避的产业方和学研方创新不可能共存，但是两个风险偏好的产业方和学研方创新可以共存。可见，风险竞争模型克服了两个不同类别竞争模型带来的理论困难。两个不同类别创新之间竞争的结果不仅取决于环境的资源负载量 $N_i$，还依赖行为系数 $a_i$。因此，非线性模型可以解释不同类别创新多样性的机制。

通过研究发现，不同类别的创新要向多元化方向发展，不可能在纯保守的产学研群体中出现。中国计划经济时代创新的结果，往往是一个保守的群体取代另一个保守的群体，而缺少有新的技术创业群体共生的机会。中国要发展产业方创新，必须鼓励多元创新的发展，改革教育考试制度和人事制度，以不拘一格用人才。

（3）产业方创新复杂型和稳定性的消长关系

研究产业方创新竞争模型在涨落环境下的稳定性问题。环境涨落可用高斯白噪声 $B(t)$ 来描写，环境涨落使资源负载量减少，减少的幅度为除以一个因子（$1+\rho$）。

$$N_i \rightarrow N_i + \sigma B_i(t) \tag{5-32}$$

$$x_i \rightarrow x_i^* = \frac{\left(N_i - \dfrac{D_i}{b_i}\right)}{(1+\rho_i)} = \frac{C_i}{(1+\rho_i)} \tag{5-33}$$

稳定性的判据如下：

$$\frac{C_i}{(1+\rho_i)}(1-\rho_i) > 0 \tag{5-34}$$

从式（5-33）可见，随着资源竞争系数的增加，环境涨落下的系统稳定性会减少。比较竞争模型（5-29a）在涨落环境下的稳定性，其结果和式（5-33）、式（5-34）类似。从式（5-31）可见，风险规避的创新会增加资源竞争系数，即减少多元竞争系统的稳定性；而风险偏好的创新减少资源重叠系数，即增加多元竞争系统的稳定性。一般说来，创新系统的变量数增加，变量之间的相互作用强度增加，创新系统的稳定性会减少。即产业方创新稳定性的增加以牺牲复杂性为代价，而多样性的发展又以减少系统的稳定性为代价。比如中国产业方创新主要从网络微支付、电子商务、快递服务、网络理财产品、廉价智能手机和高铁开始，正是基于产业方创新稳定安全考虑的。

因此从稳定性和复杂型之间的消长关系出发，可以分析产业方创新的经济背景，判断进入时机。如果能抓住新技术和新市场，风险偏好型的策略方能成功；如果面对的是停滞的市场和动荡的社会，风险规避的战略更易使产业方创新采用。所以，不存在能够主宰产业方创新成功的绝对条件，也没有任何一种创新类型能够保证一定成功。

# 第6章　共性技术R&D团队沟通网络的变量选择与模型建立

运用社会网络分析法，分别从整体网和个体网两个研究角度对社会网络的变量进行分析，在此基础上提出企业R&D团队沟通网络测量的主要指标，并进行改进，最后提出了沟通网络建模的方法与步骤。

## 6.1　社会网络分析的变量选择

社会网络分析通过对行动者（个体、团体、组织）、联系、联系的内容（资源）的研究，关系的研究将行动者与内容结合起来，实现了宏观与微观、个体与整体的结合。因此，社会网络分析可以从社会中心网络角度和自我中心网络角度分别予以研究。

### 6.1.1　社会中心网络角度

第一种研究角度是社会中心网络（social-centric network）分析，又称整体网络（whole network）分析。该方法超越了以个体行动者为分析中心的局限，将整个社会网络中的所有行动者作为研究对象，目的是分析社会网络中所有行动者之间的关系问题。而上述行动者可以是一个团队、机构组织、社会组织，甚至可以是一个国家、一个地区，故整体网分析的对象是整体意义上的关系特征。整体网络分析主要探讨网络中成员直接或者间接的联系方式以及网络结构随时间的变化模式，其研究主要集中于社会中小群体的内部关系，涉及的主要概念有：侧重分析网络中不同成员角色的，如联络人（liaisons）、明星（stars）、结合体（coalitions）、小集团（cliques）、孤立者（isolates）等；侧重衡量网络整体结构的中心性（centrality）、紧密性（closeness）、桥梁（bridges）、簇（clusters）等[66—93]。

因此，在进行社会中心网络分析时，需要网络中所有行为者相互联系的数据资料，故对网络全体成员间联系的资料搜集是进行整体网络分析的前提。

### 6.1.2 自我中心网络角度

第二种研究角度是自我中心（ego-centric network）网络分析。这种方法以行动者为中心的网络作为分析对象，关注的是行动者自身的特征及与其他个体之间的联系，重点研究网络成员的行为是如何受到其所在关系网络影响的，网络成员又是如何通过自己的行为影响网络建构的。因此，自我中心网络角度是以行动者的一些关系特征分析作为研究对象，如网络的规模、密度、个体的同质性与异质性等，重点研究成员行为如何受到其所在社会网络的影响，从而进一步研究行动者个体如何通过社会网络结合成社会团体。自我中心网络分析的核心概念有：网络的密度、网络的范围、网络的多元性、网络中心性、联系的强弱等。在进行自我中心网络分析前，必须先指定一个特定的行动者，即网络中心，再由该特定行动者逐个列举出在某种关系内容下与其发生联系的人；其次询问上述被列举出的行动者，进一步验证和了解他们彼此间的关系方向、关系内容、联系的紧密状况等。因此，自我中心网络分析角度能够清晰地显示以特定行动者为中心的社会网络的特征。自我中心网络分析和社会中心网络分析的各分析变量如表 6-1 所示。

表 6-1　网络分析变量

| | |
|---|---|
| 自我中心网络分析变量 | 强联结（strong ties）、弱联结（weak ties） |
| | 入度中心度（in-degree centrality）、出度中心度（out-degree centrality）、中介中心性（betweenness centrality） |
| | 结构洞（structural hole） |
| 社会中心网络分析变量 | 密度（density）、集中度（centralization） |
| | 结构洞（structural hole）、桥（bridge） |
| | 小团体（clique）、明星（star）、孤立者（isolate） |

目前，国内外学者已将社会网络这一理论和分析方法广泛运用于多个领域，上述两种网络分析角度也得到了广泛运用。尽管如此，这两种分析角度并不是相互对立的，不管将哪种网络作为研究对象，都会涉及网络中的个体成员与网络整体，只是研究者的关注点不同而已。

因此，在分析一个具体的网络时，可以将自我中心和社会中心两种角度结合起来，以一种整合的视角进行分析，这也是社会网络分析的一个新的研究方向。本书将企业 R&D 团队内部沟通网络作为研究对象，其中既包括对 R&D 团队具有关键作用的个体的关系特征的分析，也包括对整体网络结构的分析，具备了跨层次的特征。

## 6.2　沟通网络主要测量指标的分析与改进

### 6.2.1　基于技术信息的咨询网络

研究发现，企业 R&D 团队中的工程技术人员与科研人员倾向于不同的信息获取方式，前者搜寻信息时对著作、期刊等文字材料的依赖较少，即企业里的技术人员较少通过阅读文献材料获取他们所需的信息（因为文献材料多为对基础理论的研究，较少涉及工程技术方面），他们倾向于对实体产品进行解码获取技术信息，或者依赖于和R&D团队中甚至团队之外其他技术人员的沟通和交流，这是更为便捷的方式[94-114]。有研究表明，后者在企业R&D团队成员获取信息的过程中扮演着重要角色。

基于技术信息的咨询网络描绘的就是企业R&D团队中成员间技术信息的沟通状况，该网络是一个有向网络，即沟通网络中由成员A指向成员B时，表明成员A向B咨询相关技术信息，而实际的信息流向与咨询方向相反，成员B将其掌握的技术信息传递给A，信息从B流向A，如图6-1所示。

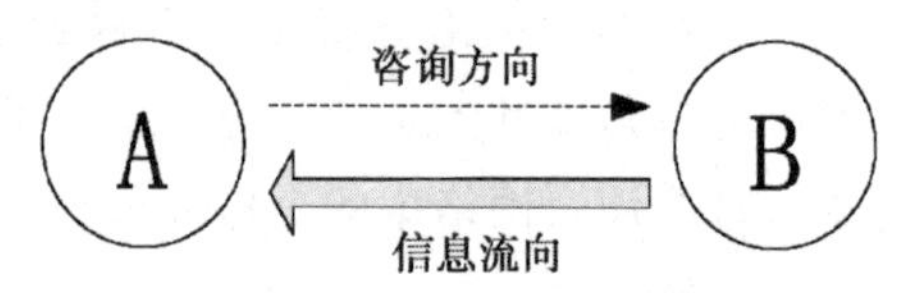


**图6-1　沟通网络（咨询层面）方向示意图**

当成员A向B咨询技术信息时，成员B可能由于自己技术水平的限制，不能准确无误地提供A所需要的信息，或者不能完全满足成员A的信息需要，这时尽管两成员之间发生了沟通关系，但是也认为它不是完全有效率的，只有当沟通的内容给成员A带来了实质性的帮助，才被认为这是有效的沟通。所以将沟通给咨询者带来实质性帮助的程度作为沟通网络关系的强度加以研究。

### 6.2.2　基于社交的非正式沟通网络

非正式沟通是R&D团队内成员基于社交目的的闲谈，不一定涉及工作内容，它可能发生在工作时，也可能发生在业余中，比如吃饭、娱乐、旅游等，是以成员间的友谊为基础的。一些研究发现，非正式组织在信息沟通中扮演着重要作用，这自然为社交促进团队内部沟通这一观点提供了重要支持，也为通过非正式沟通网络的研究促进 R&D 团队内信息沟通提供了依据。

由于非正式沟通网络中信息的流向和内容都具有随机性，故我们假设该网络是无向的（这与技术信息沟通网络中成员间的咨询关系不同）。非正式是依据个人意愿和偏好形成的以友谊为基础的小团体，团队成员间关系自然就有亲疏之分，有些成员间可能是关系十分亲密的朋友，有些可能只是一般的交情，因此选取将团队成员间感情的亲密程度作为衡量该沟通网络连接强度的指标。

综上，重点所研究的企业 R&D 团队沟通网络是一个分层次的考虑成员间关系方向及强度的网络，即加权有向网络。接下来将依据研究对象的具体特点对社会网络分析的三个主要指标进行分析，并在此基础上加以改进。

### 6.2.3　研究对象的基本特征

不同的社会网络具备不同的特征，在结构分析方面，密度、中心性、结构洞是其主要的分析特征；在关系的本质方面，自“弱联结优势”理论问世后，联结强度引起了学者们的广泛关注。因此，将沟通网络作为研究对象，不仅对其结构特征进行深入研究，更重点关注它的关系本质，即连接强弱程度，亦即 R&D 团队中成员的沟通强度，旨在对其做定量研究。

将 R&D 团队的沟通网络分为两个层次，一是基于专业技术信息沟通的咨询网络，二是基于社交的非正式沟通网络。

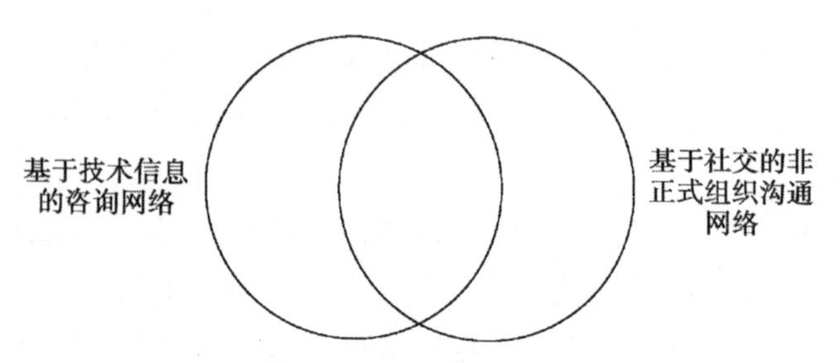


**图 6-2　R&D 团队沟通网络的两个层次**

### 6.2.4　网络密度指标及其改进

实际存在联结数与最大可能联结数之比即为网络密度，不同类型的网络其计算方法也不尽相同，研究经常涉及的是有向二值图和无向二值图。不论是哪种类型的网络，其网络密度的取值范围都只可能是［0，1］，如果一个网络中任意两个节点均彼此独立，相互之间没有联结，则该网络密度为 0；如果一个网络中任意两个节点相互之间都存在联结，则该网络密度为 1。

网络密度对 R&D 团队的影响主要表现在两方面：一方面，相对高的网络密度能够在一定程度上提高 R&D 团队的绩效，这是因为团队成员之间的互动频繁，这就为团队成员之间的协调创造了更多的机会；另一方面，成员个体的网络密度显示出与其与网络中其他成员沟通的充分程度，Burt 指出只要当网络中的联结是非冗余时，该网络联结就是有效率的，并且一个相对密集的网络能够产生更丰富的信息。

网络密度计算公式如下：

$$\text{Density}=\frac{\sum Z_{ij}}{\frac{N(N-1)}{2}}(i<j) \tag{6-1}$$

式中：

$i,j$—— 团队中任意两个成员；

$N$—— 团队的总成员数；

$\sum Z_{ij}$——任意两成员 $i$ 和 $j$ 之间的联结数目之和；

$\frac{N*(N-1)}{2}$——团队网络中所有可能的联结数目之和。

$i$ 与 $j$ 之间可能有联结关系，也可能没有联结关系（有联结时 $Z_{ij}$ 为1，没有时 $Z_{ij}$ 为0），计算结果实际上是一个比例关系。

对于R&D团队沟通网络来说，其网络密度越高，意味着团队成员间的沟通越密切，网络密度最高（即为1）的团队其内部任意两个成员之间都存在沟通关系，如图6-3所示；而网络密度较低的团队中，成员之间的联结少，信息沟通、交流的渠道缺乏，如图6-4所示。

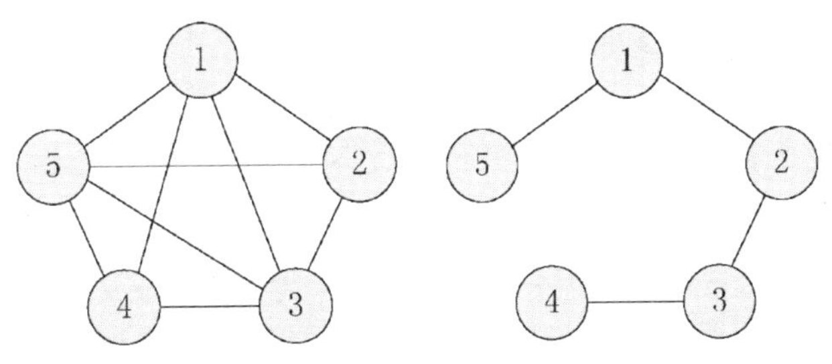


**图6-3　高密度网络**　　**图6-4　低密度网络**

根据选取研究对象R&D团队沟通网络的特点：①其技术信息咨询层面的沟通网络是有向的（区别于公式（6-1）所描述的无向网络）；②是考虑沟通强度的，即将 $i$ 向 $j$ 咨询的有效性考虑在内，故在公式（6-1）中引入方向和权重。

将社会网络密度公式推广到有向加权网络中，得到改进公式：

$$\text{Density}=\frac{\sum X_{ij}\times Z_{ij}}{N\times(N-1)\times \max X_{ij}} \qquad (6\text{-}2)$$

式中：

$X_{ij}$——成员 $i$ 与 $j$ 之间的沟通强度（即沟通有效性）；

$\max X_{ij}$——任意两个成员 $i$ 与 $j$ 之间的最大沟通强度；

$N\times(N-1)$ ——团队中最大可能联结数目。

## 6.3　网络结构洞指标分析及其改进

### 6.3.1　网络结构洞指标分析

Burt 提出的结构洞理论对于市场经济中出现的竞争行为提出了新的社会学解释，根据 Burt 的观点，竞争优势不仅指资源优势，关系优势更为重要，市场中拥有结构洞多的竞争者，其关系优势就大。对于一个组织来说，其成员想要在组织中获得、保持和发展优势，就必须广泛地与相互之间无连接的个人建立联系，从而获取信息和控制优势。

所谓结构洞，就是社会网络中某一个或某一些成员与部分成员发生直接联系，但与其他成员不发生直接联系或者关系间断的现象，从整个网络来看就像是网络结构中出现了洞穴。如图 6-5 所示，该网络中有四个成员 A、B、C、D，A 位于网络的中心，成员 B、C、D 必须通过成员 A 才能进行信息交流，因此成员 A 有三个结构洞——BD、BC 和 CD，故控制着其他成员之间的信息传递，拥有更多的关系资源。可见，结构洞对于处在网络中心的个体是非重复的联系间的间断，是一种非冗余性关系。

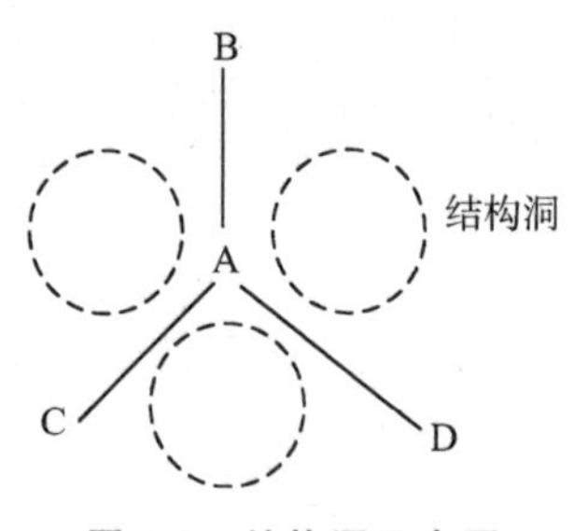


**图 6-5　结构洞示意图**

判断一个沟通网络中是否有结构洞存在的标准有如下两个：凝聚标准和结构等位标准，如图 6-6 所示。只要符合上述一个标准，说明该网络不存在结构洞。首先，从关系缺失的角度看，若网络中某成员所联结的另两个成员之间无法进行直接沟通时，该成员所处的位置就是结构洞，Burt 指出所谓结构洞是网络中两个成员间的非冗余联系；从结构等位的角度来看，若两个成员所联结的对象是网络中同一个成员或群体，那么这两个成员的结构是对等的，此时这两个行动者之间即便无法直接沟通，但这两个成员向网络提供的信息是冗余的。图 6-6 中粗线表示强关系，细线表示冗余关系。

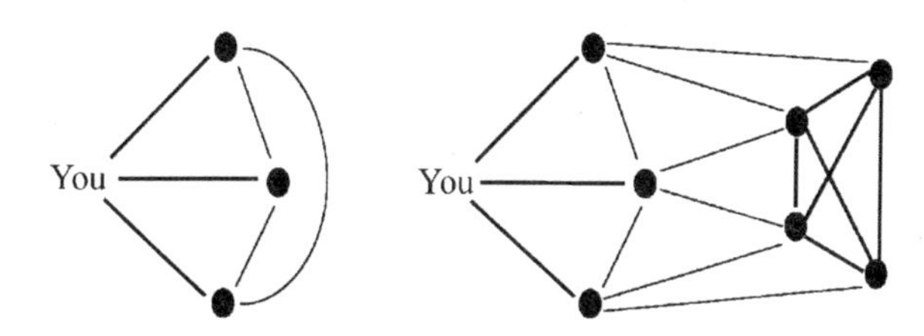


**图 6-6　凝聚标准与结构等位标准**

Burt 的结构洞测度指标有四个：效率、有效规模、等级度、限制度。其中，最后一个指标（即限制度）是衡量结构洞最为重要的依据。

限制度：某个成员在所处网络中拥有的运用结构洞的能力。成员 $i$ 受到 $j$ 的限制度的程度为

$$C_{ij} = \left(p_{ij} + \sum_{q} p_{iq} * p_{qj}\right)^2, q \neq i, j \tag{6-3}$$

式中：

$j$——与自我点 $i$ 相连的所有点；

$q$——除了点 $i$ 和 $j$ 以外的任意点；

$p_{iq}$——成员 $i$ 投入与 $q$ 沟通的时间或精力占其网络投资的比例。

$p_{ij}$——成员 $i$ 投入与 $j$ 沟通的时间或精力占用网络投资的比例。

公式（6-3）可简单表述为 $C_{ij}$ = 直接投入($p_{ij}$)＋间接投入($\sum_q p_{iq}p_{qj}$)，如图 6-7 所示。

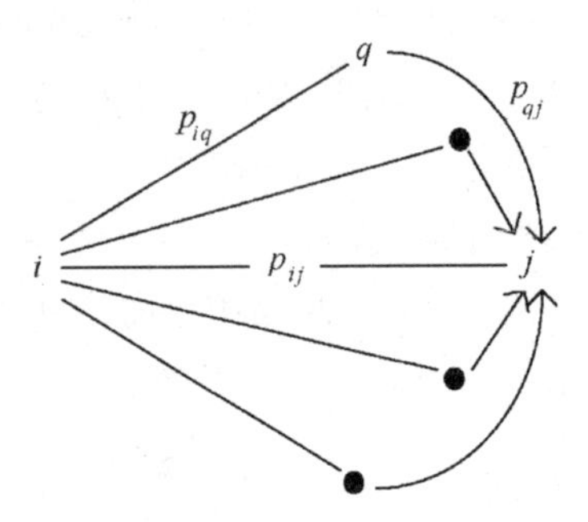


**图 6-7　限制度指标示意图**

成员 $i$ 受到的限制度总和 $C_i$ 可表示为

$$C_i = \sum_j \left(p_{ij} + \sum_q p_{iq}p_{qj}\right)^2 \tag{6-4}$$

由限制度的计算方法可知，该公式同样适用于有向加权网络结构洞的测定，但需要特别指出的是，Burt 给出的结构洞指标测量的是个体在网络中的受限制度，因此上述指标依据的网络是个体网，而不是整体网。

### 6.3.2　网络中心性指标及其改进

鉴于 Freeman 给出的中介中心度指标是用于衡量网络中成员对信息资源的控制程度，故常常用中介中心度指数作为结构洞的一种测度指标。在一个整体网中，如果一个成员处于其他任意两个成员的最短路径上，就称该成员具有较高的中介中心度，拥有较多的结构洞，位于该网络的中心位置。其定义为：经过点 $X$ 同时连接两点 $M$ 和 $N$ 的最短路径和 $M$、$N$ 间所有最短路径数之比，它描述了 $X$ 在多大程度上位于 $M$ 和 $N$ 的“中间”。数学描述如下：

在有向图 $G=(V,E)$ 中，对于任意有向边 $e=(u,v)$ 来说，$u$ 和 $v$ 为该边的始节点和终节点。从点 $s$ 出发，达到点 $t$ 的途径（path）可能有多个，记作（$s$，$t$）$_-$ 途径，其包含的边数叫作该途径的长度。用 $\sigma(s,t)$ 表示最短的（$s$，$t$）$_-$ 途径数目，并且令 $\sigma(s,t|v)$ 表示经过点 $v$ 的最短的（$s$，$t$）$_-$ 途径数目。点 $v\in V$ 的中介中心度 $C^B(V)$ 为

$$C^B(V) = \sum_{s,t\in v} \frac{\sigma(s,t \mid v)}{\sigma(s,t)} \tag{6-5}$$

标准化的中介中心度取值范围为［0，1］，其值越大，表明对应成员的结构洞数量越多，该成员越居于网络的核心。

在测度结构洞时，具体采用上述两种指标中的哪一种，没有严格的规定，但是两者的适用范围有所不同，中介中心度指标适用于分析有向网、2-模网、多元网等，其适用范围更大一些，另外它还可以用于测量整体网的中心度。Burt 研究结构洞时关注的多数是二值无向关系网，并且是个体网，而上述中介中心度指标是针对整体网的，其前提假设简单，没有考虑到关系的方向、强度、多元度等，在很多复杂的情况下，这种指标可能会不恰当。

常规的中介中心度指标考虑的是两点之间的最短路径，但不关注该最短路径的长度（即将每条联结看作等长“1”），事实情况是，当最短路径太长的时候，途经的各点对该路径的控制能力将大大降低，故 Borgatti 定义了一个点的 $k$-中心度：只将两点之间长度不超过 $k$ 的最短路径计算在内。

鉴于此，也可以这么认为，路径越长，途经的点对该最短路径的控制能力就越低，即得到一种用路径长度的倒数进行加权的算法

$$C_{B(dist)}(v) = \sum_{s\neq t\in v} \frac{1}{dist(s,t)} \times \frac{\sigma(s,t \mid v)}{\sigma(s,t)} \tag{6-6}$$

这种改进虽考虑了路径的长度（即途经的边数），但是关系（边）的强度仍未考虑在内，在实际的沟通网络中，往往不是只有强关系、弱关系之分，你的沟通对象可能跟你关系亲密，也可能只是一般交情，故为关系的强度加上权值是必要的。如果一条最短路径途经的边都有很高的权值，那么处于这条最短路径上的点相对居于更为重要的中心地位，综合上述考虑，在公式（6-6）的基础上继续改进得到如下加权中介中心度算法：将两点（$i$，$j$）之间最短路径上各边关系强度倒数之和的倒数定为权值，即 $d_{ij}w = 1/\left(\sum_{l \in L} 1/wl\right)$，得到如下算法：

$$C_{B(w)}(v) = \sum_{s \neq t \in v} \frac{1}{\frac{1}{w_{s(s+1)}} + \cdots + \frac{1}{w_{(v-1)v}} + \frac{1}{w_{v(v+1)}} + \cdots + \frac{1}{w_{(t-1)t}}} \times \frac{\sigma(s,t \mid v)}{\sigma(s,t)} \tag{6-7}$$

考虑到 Burt 提出的结构洞计算方法是就个体网而言，即只考虑自我节点的初级联系人（即与自我节点直接相连的点）及其之间的关系，不考虑次级联系人（与初级联系人相连的个体）的影响，而中介中心度指标却是从整体网的角度进行测度的，故作如下限定：依据 $k$-中心度算法，将路径的长度限定为 2，即只考虑最短路径为 2 的非邻接节点对（长度为 1 的最短路径对中心度没有贡献）。这样，改进算法就可简化为

$$C_{B(w)}(v) = \sum_{s \neq t \in v; dist(s,t=2)} \frac{1}{1/w_{sv} + 1/w_{vt}} \times \frac{\sigma(s,t \mid v)}{\sigma(s,t)} \tag{6-8}$$

结合以上网络测度关键指标的分析与改进，本研究将结合“社会中心网络分析”和“自我中心网络分析”两种研究观点，从社会中心网络分析角度研究 R&D 团队沟通网络的整体网络结构，从自我中心网络分析角度分析 R&D 团队沟通网络中个体成员的特点、行为对网络结构的影响。

## 6.4　共性技术R&D团队沟通网络建模的方法与步骤

依据行动者和关系这两个社会网络中的重要内容，社会网络分析的研究相应地分为位置取向和关系取向这两个主要方向，位置取向以网络中行动者的结构或位置为主要研究对象，包括凝聚性、中心性、结构洞等；关系取向是以关系属性为主要研究对象，包括关系的密度、强弱、内容等。不管哪种研究方向，社会网络研究一般使用节点表示行动者（个体或是群体），用联结表示行动者相互之间的关系。

为研究企业R&D团队的网络结构，必须先给出企业R&D团队网络建模的方法、步骤和工具，运用社会网络分析法中网络结构图的作图方法，绘图工具和分析软件选取Ucinet。

共性技术R&D团队沟通网络模型的建立主要分为如下几个步骤：

（1）沟通网络成员节点的选定；

（2）沟通网络成员间关系的描述；

（3）沟通关系资料的收集和处理；

（4）沟通网络模型的建立。

### 6.4.1　沟通网络成员节点的确定

在对网络进行分析时，首先应该确定网络中的各个节点，即该网络中成员的确定；其次，根据所要研究网络的组织结构和特点来确定网络中节点要考虑的属性。一般来说，所要研究的内容决定了节点属性的确定，如果研究的是成员在企业R&D团队网络中的合作沟通情况，与成员个体的其他属性（如年龄、性别、身高、体重等）没有关系，那么这些网络中的成员就上述属性就会大致相同。因为只试图研究企业R&D

团队的沟通网络，所以对于网络节点的其他属性不做定义与研究。

在企业 R&D 团队沟通网络的研究中，我们很容易发现该网络中的层次结构，少部分成员是整个团队的核心成员，他们之间的沟通关系大致决定了整个 R&D 团队的网络结构，核心成员之间的关系结构比较稳定；其余多数成员承担着团队中的日常工作，沟通网络结构变化较频繁，流动性也较高。将把少部分核心成员构成的比较稳定的网络结构看成是企业 R&D 团队的核心沟通网络，将其余成员构成的沟通网络看成是外围网络，核心沟通网络与外围沟通网络都属于 R&D 团队内部网络。此外，在 R&D 团队的研发过程中，团队成员会与外部的个人或组织进行交流，甚至有些沟通决定着团队的研发任务能否顺利进行，如企业 R&D 团队成员与本行业专家、学者之间的交流，这样的沟通关系可以看成是 R&D 团队的外部网络。具体如图 6-8 所示。

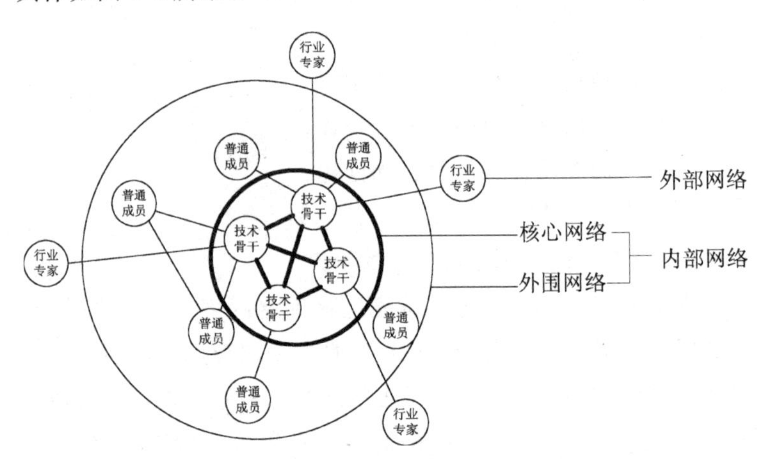


**图 6-8　企业 R&D 团队沟通网络层次图**

因为只关注 R&D 团队的内部沟通网络，也就是说，选取确定的企业 R&D 团队的网络节点只包括那些从属于该企业的研发人员，企业外部的专家、学者均不包含在内。

### 6.4.2　沟通网络中成员关系及强度的确定

网络中的成员节点确定下来以后，接下来就是成员关系的确定，也就是网络中节点之间的联结，即成员之间的沟通关系。关系的定义主要依据的是研究的对象和目的。例如，学术论文合作网络中，定义两位作者之间存在关系的依据是他们共同发表过一篇文章；公司董事网络中，定义两位董事之间存在关系的依据是他们在同一个公司担任董事；电影演员合作网络中，定义两个演员之间存在关系的依据其在同一部电影中出现过。

关系的选择和定义是由所要研究对象及具体研究目的确定的，在定义关系时要坚持以下两个重要原则：

(1) 关系要能够准确地获取并清晰地表示出来，这是关系定义的关键。

(2) 关系的定义要能够明确体现出网络中的主要合作关系。

企业R&D团队成员之间的沟通关系主要通过问卷调查来获取，在该调查问卷中已经列出了该企业R&D团队中的所有成员，要求被调查者在已经选定的成员中选出一个或多个与其交流密切的成员。如果成员A在问卷中提及与另一个成员B之间有密切的交流，则确定在该R&D网络中存在从A到B的单向沟通关系；如果成员A选择B的同时，成员B也选择了A，则确认在成员A与B之间存在着双向沟通关系。由此定义方法也可知，所研究对象企业R&D团队的沟通网络是一个有向网络。

### 6.4.3　沟通关系资料的收集和处理

沟通关系数据的收集统计是本书研究的基础，在收集数据的过程中，应注意把握以下原则：

（1）确保关系数据的完整性，这是数据收集的关键。规定凡属于该企业 R&D 团队的成员都必须填写问卷，不能有一人遗漏。由于企业 R&D 团队中的成员常与团队外部的个人或机构频繁地交流合作，有的还需承担相关售后工作，成员出差频率相对较高，一定要确保所有的成员都填写过问卷后再进行关系数据统计整理工作。

（2）确保数据的真实性，这是数据收集的前提。必须确保所收集的关系数据真实可靠，本书的关系数据是通过发放调查问卷获得的，在填写问卷时被调查成员的主观性较大，为了获取比较客观的关系数据，可以采用多次调查的方式。

对于数据处理工具的选择，目前比较流行的网络分析工具主要有 Pajek、Netdraw 等，在网络结构分析和绘制图形方面各具特色，由 Analytic Technologies 公司开发的网络结构分析工具 Ucinet 将 Pajek、Netdraw 等工具集成起来，集网络结构分析与图形绘制于一体，是目前进行网络分析的主流工具，此外，Ucinet 在处理数据方面也很有优势，可以将 excel 或 text 数据文件自动转换成 Ucinet 可以处理的文件形式。

数据的手机分析完成之后，还要对所研究对象进行统一编码处理，这样做的目的一是为了保护被调研企业和员工的隐私，二是为了在进行后期网络结构分析时，能够方便快捷地对每个成员进行表征，并且在网络结构图上显得一目了然。

### 6.4.4 沟通网络模型的建立

企业 R&D 团队的沟通网络可以在获取了完整的关系数据后用关系矩阵表示出来，上述关系矩阵中，“0”表示成员间没有沟通关系，“7”表示二者沟通关系密切，并且被咨询者能百分之百满足咨询者的信息需求，“1”到“6”依次居中（所用的标尺为 7 点利克特标尺）。本书将节点与自身之间的沟通关系均定义为 0，即关系矩阵主对角线上的数字均为 0，如表 6-2 所示。

表 6-2　一个 4 节点小型沟通网络的关系矩阵

| | 1 | 2 | 3 | 4 |
|---|---|---|---|---|
| 1 | 0 | 3 | 6 | 5 |
| 2 | 5 | 0 | 4 | 2 |
| 3 | 3 | 7 | 0 | 7 |
| 4 | 3 | 4 | 5 | 0 |

在获得了某企业 R&D 团队沟通网络的关系矩阵后，就可以绘制出该 R&D 团队的沟通网络结构图，并能够运用相关指标对该网络进行度量和分析，经过上述方法和步骤，企业 R&D 团队的整体沟通网络模型就建立起来了。网络模型的建立是分析和研究企业 R&D 团队沟通网络特征的基础。

# 第7章 实证研究

## 7.1 数据来源及处理

### 7.1.1 研究对象及其网络边界

首先要明确实证的研究目的，这不仅影响着调查问卷的设计，还关系到调查群体的确定。实证研究目的在于对企业R&D团队成员间的沟通关系进行研究，运用社会网络分析的方法和技术对问卷获得的数据进行处理、分析，探索R&D团队内沟通网络整体结构及其特点，展现R&D团队内部沟通核心人物的分布及信息流动的路径，为管理层提供有益的建议和措施，优化沟通网络，从而降低团队成员获取信息的时间和成本，减少团队内信息不对称现象。

选取江苏省镇江市某民营企业的研发中心为研究对象，研究对象选定后，就可以确定R&D团队沟通网络的边界及成员。对于一个小型封闭群体来说，组织边界的确定相对容易。该公司组织体系明确，R&D团队网络界限清晰，研发中心共有31人，分为5个分中心，由1名技术总顾问牵头，每个分中心各设置1名主任负责。

### 7.1.2 问卷设计与数据收集

(1) 设计沟通网络的调查问卷时需注意的相关事项

研究目标和研究对象确定后，调查问卷就可以据此设计。介于本书将特定组织整体网络结构及其成员间沟通关系作为研究对象，社会网络分析调查问卷的设计必须注意以下几点：

① 为了确保调查所得数据资料的真实性和完整性，选定R&D团队中全部成员都必须接受问卷调查，否则将无法完整地绘制该团队的整体网络结构。

② 由于研究分析是针对特定组织进行的，问卷调查对象必须并且只能是组织边界内的成员，故随机抽样的问卷调查方法不适用于本研究。

③ 由于本书将沟通网络作为研究对象，问卷涉及的问题一定程度上涉及团队中的成员与哪些人经常接触、谈话等一些比较私密和敏感的问题，这就增加了调查的难度。

④ 由于问卷不能匿名，而且在调查问卷中会出现团队内所有成员的姓名，以便被调查者从中选择，这就进一步增加了被调查者的顾虑，进而增加了获得合作的难度。

考虑到上述问题，为了使团队中的所有成员都愿意配合调查，我们需要借助在团队内部有良好人际关系的成员协助调查，同时，为了保证所收集数据的真实性，必须让被调查者毫无后顾之忧地填写调查问卷，因此作者在调查中采用了一对一地发放问卷，并采取封闭信封的方式，当面强调该问卷仅作学术研究之用，保证不会对外泄漏，被调查者填写完后，将问卷装入信封当场密封好。发放的调查问卷均为现场直接收回，均为有效问卷。

（2）调查问卷问题的设计

问卷第Ⅰ、Ⅱ部分的目的是搜集构建该企业R&D团队技术信息咨询网络的数据资料，设计如下：

第Ⅰ部分：

① 当您在工作、学习过程中遇到技术上的问题或困难，您经常会向以下哪些同事、领导或下属咨询或者与其讨论（至少每周一次或者更频繁）？请列出名单。

② 您所选定的咨询对象中，哪些成员的回答或交流内容给您带来实质性的帮助？请列出名单。

③ 您所选定的咨询对象给您带来多少实质性的帮助，即他们在多大程度上解答了您的技术问题，请分别为他们打分。（最低 1 分，最高 7 分）

第Ⅱ部分：

④ 在单位里，以下哪些同事、领导或下属常向您咨询或主动与你讨论技术上的问题（至少每周一次或者更频繁）？请列出名单。

⑤ 向您咨询或与您交流的同事中，您认为您为哪些同事带来实质性的帮助？请列出名单。

⑥ 您为上述名单中的同事提供了多少实质性的帮助，即您在多大程度上解答了他们的技术难题，请分别为自己打分。（最低 1 分，最高 7 分）

第①个问题主要为了了解各成员间咨询的大致状况，另外也是为第②题的填答做准备，第②个问题是为了了解各团队成员之间更为客观的技术信息咨询状况。通过①、②两个问题，我们就可以粗略地得出沟通网络内各成员之间相互沟通技术信息的状况。之所以说是粗略得出，是因为最终团队内两名成员间是否发生了实质性的技术信息沟通，还需要经过下面两个问题的检验才能最终确定。

④、⑤两个问题是对问题①、②的检验，通过问题④、⑤的检验，就能最终得出该网络内各节点之间相互交流技术信息的真实状况。对于判定成员 A 是否向成员 B 咨询求助并获得帮助，即存在由成员 B 向成员 A 的技术信息流动，我们不仅要根据成员 A 所填写问卷的第①、②两个问题，还需要成员 B 所填写问卷的第④、⑤两个问题加以检验。

如果成员 A 在问卷第①、②题中均选择了成员 B，而成员

B在问卷第④、⑤题中也选择了成员A，那么就有充分的理由相信A与B之间发生了实质性的技术信息沟通，沟通强度取两者问卷的平均值。

如果成员A在问卷第①、②题中均选择了成员B，而成员B在问卷第④、⑤题中没有选择成员A，而是选择了成员C，那么就不能认为成员A与B之间发生了实质性的技术信息沟通。

下面通过表格给出咨询关系的判定标准，如表7-1所示。

**表7-1　技术信息咨询判定标准**

| A所填问卷 | | B所填问卷 | | 判定结果 |
|---|---|---|---|---|
| 第①题 | 第②题 | 第④题 | 第⑤题 | |
| B | B | A | A | √ |
| B | B | / | A | √ |
| B | B | A | / | √ |
| B | B | / | / | × |
| B | B | 无 | 无 | √ |
| / | B | A | A | √ |
| / | B | / | A | √ |
| / | B | A | / | √ |
| / | B | / | / | × |
| / | B | 无 | 无 | √ |

这里要注意“无”和“/”的区别，“无”代表被调查者没有选择任何人，而“/”代表成员A或B没有选择对方而是选择了其他成员，“√”代表A和B之间存在实质性的技术信息沟通，“×”代表不存在。

问卷第Ⅲ部分的目的是收集构建该企业R&D团队非正式

沟通网络的数据资料，设计如下：

> 第Ⅲ部分：
> ⑦ 在以下同事、领导或下属中，您经常同哪些成员闲谈、吃饭或进行其他社交娱乐活动（至少每周一次或者更频繁）？请列出名单。
> ⑧ 您认为您所选定的社交对象与您的关系亲密程度如何，请分别为此打分。（最低 1 分，最高 7 分）

同样地，如果成员 A 在问卷第⑦题中选择了成员 B，且成员 B 在问卷第⑦题中也选择了成员 A，那么就有充分的理由相信成员 A 与 B 之间存在基于社交的非正式信息沟通，沟通强度取两者问卷的平均值。

如果成员 A 在调查问卷第⑦题中选择了成员 B，但成员 B 在问卷第⑦题中并没有选择成员 A，而是选择了成员 C，那么我们就不能认为成员 A 与 B 之间存在这种社交沟通。

下面给出非正式沟通的判定标准，如表 7-2 所示。

**表 7-2　非正式沟通判定标准**

| A 所填问卷第⑦题 | B 所填问卷第⑦题 | 评定标准 |
| --- | --- | --- |
| B | A | √ |
| B | / | × |
| B | 无 | √ |
| / | A | × |
| 无 | A | √ |

### 7.1.3　数据处理及沟通网络的建立

将收回的调查问卷做统计整理，并根据以上判定标准绘制成该企业 R&D 团队成员间的信息沟通矩阵，如表 7-3 所示（以技术信息沟通矩阵为例）。

**表 7-3　技术信息沟通矩阵**

| | YY | TRY | XTX | JZQ | LFQ | WYT | QLL | BJP | GJ | ZGQ | XTM | … |
|---|---|---|---|---|---|---|---|---|---|---|---|---|
| YY | 0 | 0 | 0 | 0 | 0 | 0 | 0 | 0 | 6 | 0 | 0 | |
| TRY | 0 | 0 | 0 | 0 | 0 | 0 | 0 | 0 | 0 | 0 | 0 | |
| XTX | 0 | 0 | 0 | 0 | 0 | 0 | 0 | 0 | 0 | 0 | 0 | |
| JZQ | 5 | 0 | 0 | 0 | 6 | 5 | 0 | 0 | 0 | 0 | 0 | |
| LFQ | 7 | 0 | 0 | 0 | 0 | 0 | 0 | 0 | 0 | 0 | 0 | … |
| WYT | 4 | 0 | 0 | 5 | 6 | 0 | 0 | 0 | 0 | 0 | 0 | |
| QLL | 0 | 0 | 0 | 0 | 0 | 0 | 0 | 0 | 0 | 0 | 7 | |
| BJP | 0 | 0 | 0 | 0 | 0 | 0 | 0 | 0 | 0 | 0 | 0 | |
| GJ | 0 | 0 | 0 | 0 | 0 | 0 | 0 | 0 | 6 | 0 | 0 | |
| ZGQ | 0 | 0 | 0 | 0 | 0 | 0 | 0 | 0 | 0 | 0 | 0 | |
| XTM | | | | | | | | | | | | |
| … | | | | | | … | | | | | | |

为了保护被调查者的隐私，也为了在网络图中符号标注的简洁和研究分析的方便，对于每个被调研的成员，采用拼音首字母来代替他的姓名。在此沟通矩阵 $\boldsymbol{X}_{ij}$ 中，元素 $\boldsymbol{X}_{ij}$ 表示节点 $i$ 与节点 $j$ 之间的信息沟通关系，如果节点 $i$ 向节点 $j$ 寻求帮助（即节点 $j$ 向 $i$ 提供技术信息），那么 $\boldsymbol{X}_{ij} \in [1, 7]$，否则 $\boldsymbol{X}_{ij}=0$。构建信息沟通矩阵是运用社会网络分析方法对成员间沟通关系进行研究的前提，它可以直观地了解到成员间的信息沟通行为。

为了对 R&D 团队内成员间的信息沟通状况有更为直观的呈现和更完整的把握，根据信息沟通矩阵，绘制该企业 R&D 团队完整的信息沟通网络图，如图 7-1 所示。

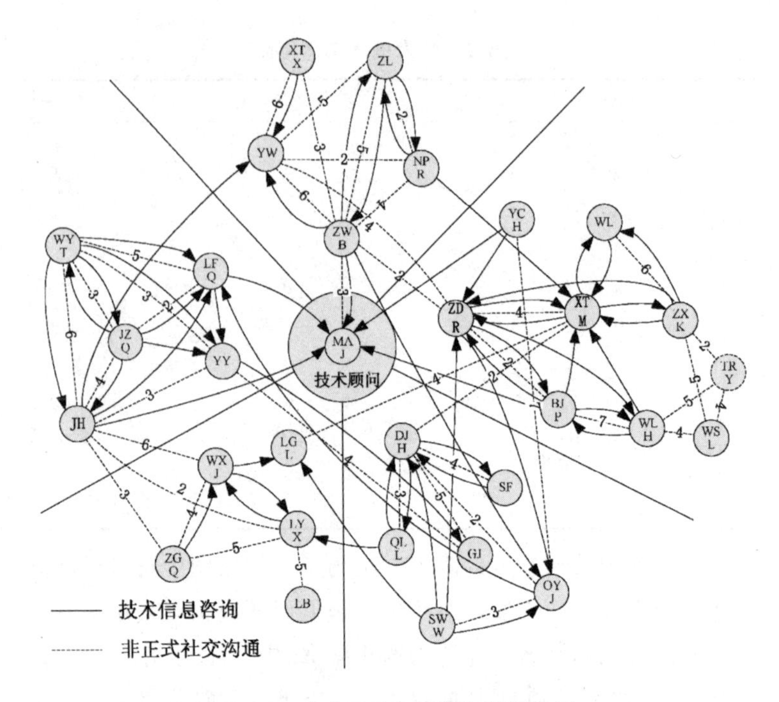


**图 7-1　企业 R&D 团队沟通网络图**

如图 7-1 所示，该沟通网络来自于江苏省镇江市某民营企业的研发中心，每一个成员用一个圈表示，圈中的字母由成员姓名拼音的首字母组成，该研发中心又分为 5 个分中心（如图中 5 个扇形区域），研发中心的技术总顾问位于图中心的圆圈内，其余成员分别位于 5 个扇形中。带箭头的实线表示技术信息咨询关系，如 ZGQ 指向 WXJ，表明成员 ZGQ 向成员 WXJ 咨询技术问题（通常信息流的方向与箭头方向相反）；虚线则表示闲谈、聚餐、娱乐等非正式交流关系，虚线上的数字为非正式沟通网络的联结强度，即两个成员间关系的亲密程度；为了网络图的清晰，技术信息咨询网络联结强度未在图中标出。

下面利用社会网络分析方法对该企业 R&D 团队沟通网络从整体网络、个体网络和凝聚子群等不同角度进行分析和研究，以期深入了解该 R&D 团队沟通网络的结构模式与特征。

## 7.2 整体网络分析

通过整体网络分析，可以对沟通网络的整体结构及内部信息沟通的大体状况有个直观的认识。将表 7-3 中的关系矩阵导入 Ucinet，绘制技术信息沟通网络社群图，如图 7-2 所示。

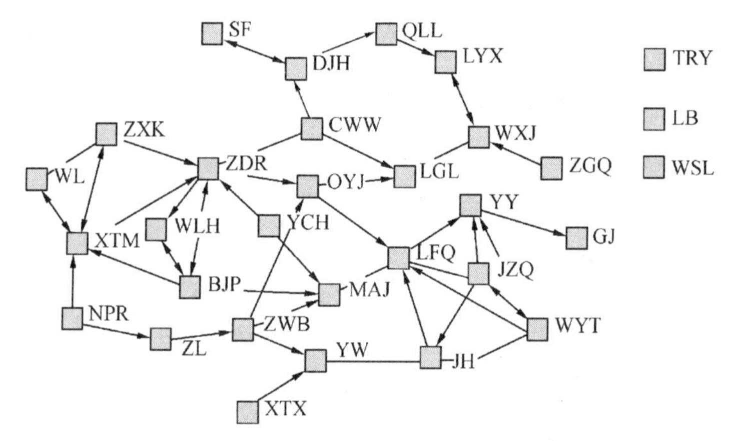


**图 7-2　技术信息沟通网络社群图**

该网络图为有向图，图中的每个方块表示一名成员，成员间的箭线表示成员之间的信息沟通行为，箭头指向某成员就表示 R&D 团队内有其他成员向该成员发出咨询，通常信息流的方向与箭头方向相反，故箭头指向的一方为信息的发送方。如果两个节点之间的连线为双箭头，则表示两成员都互相咨询并传递过技术信息。通过观察成员之间的连线和箭头，就可以大致了解该 R&D 团队沟通网络内信息传递的方向及路径，同时可以看出该沟通网络内的关键成员和边缘成员，上述信息就已经让我们从整体上对该 R&D 团队的沟通状况有一个宏观的把握。例如，在上述沟通网络社群图中，我们可以发现 TRY 节点与其他任何节点都没有信息沟通，该节点属于孤立节点。经过实地调查，该节点担任副主任，但由于已经退休，在该团队内只担任职务，并不参与实际的研发活动，所以与R&D团队内其他成员间缺乏相关技术的信息交流。成员XTX仅与成员YW之间有沟通关系，而与其他节点之间没有联系，故该成员处于沟通网络的边缘。相反地，成员ZDR与网络内很多成员之间都有交流，可以很直观地看出，该成员处于沟通网络的核心位置，网络内很多其他节点都与之积极沟通，并形成了信息的单向传递。

### 7.2.1 整体网络密度

网络密度是研究测量的一个重点，密度值的高低代表了团队成员沟通关系分布的广度，从中可以看出成员间的沟通渠道的多寡。成员间沟通关系越多的团队，交换的信息与资源也越多，也解释了团队中社会资本的多少，故网络内部一定水平的密度对维持R&D团队的高效运作是必须的。

沟通网络的密度为沟通网络中实际存在的沟通联结数与可能存在的最大沟通联结数之比。通过Ucinet计算得该沟通网络的密度为0.0602（表7-4），可见该网络非常的稀疏，技术信息沟通非常不充分。由于选择的研究对象为有向加权网络，传统的密度计算公式不能对其准确测度，故引入改进的密度公式

$$\text{Density} = \frac{\sum X_{ij} \times Z_{ij}}{N \times (N-1) \times \max X_{ij}}$$

得出该网络的密度为0.0140。可见，加权网络的密度一般小于二值网络的密度。

**表7-4　技术信息沟通网络密度分析结果**

| 密度 | 关系数 |
| --- | --- |
| 0.0602 | 56.0000 |

根据密度分析结果还可以发现，团队内31名成员的总联结数为56，平均每个成员的联结数仅为1.81，即平均每个成员仅与网络中其余1.81人进行信息沟通，表明该团队成员之间的交流较少、互动不频繁。一般来说高密度网络有利于技术信息拥有者建立信息声誉（被频繁咨询信息的成员通常在团队中拥有更高的地位），因而促进了信息沟通的意愿。

从社群图中还可以发现，图中存在三个孤立成员（TRY、LB、WSL）和一些与其他成员联系很少的个体（如SF、XTX），表明这些成员没有很好地参与到与团队内其他成员的积极交流当中，而在这些相对孤立的成员身上很可能存在未被发掘的潜在技术信息，这些信息对整个团队来说将会是非常新颖并且具有创造性的。因此，我们应当采取相应措施，鼓励成员更多地参与到信息的交流与共享中来，减低因为这些成员的不活跃而造成的损失。

### 7.2.2 整体网络中心势

当整体网络中心势（whole-network centralization），也称度数中心势，计算方法如下：① 找出网络中中心度数值最大的节点；② 分别计算该最大值与其余各节点的中心度的差值；③ 加总这些“差值”；④ 将上述加总结果除以各“差值”总和的最大可能值，公式如下：

$$C_D = \frac{\sum_{i=1}^{g}[C_D(n*) - C_D(n_i)]}{\max\sum_{i=1}^{g}[C_D(n*) - C_D(n_i)]} \tag{7-1}$$

整体网络中心势指标揭示了各成员中心性的差异程度，在一个高中心势网络组织中，网络内的信息沟通主要集中在少部分成员身上，这将导致两种结果：一是这些成员凭借自身在网络中占据的位置优势谋取利益；二是这些成员担负的中介职责过重，他们会因压力太大或负担过重而离开，这将导致团队内信息传播的瘫痪以及技术资本的流失；相反地，如果网络中心势过低，表明成员之间的联系疏松，网络中信息沟通零散，也不利于技术信息的交流和共享。

计算得出该 R&D 团队沟通网络的整体网络中心势为 14.60%，可以看出网络内成员间的沟通关系比较松散，技术信息交流与共享水平总体不高，并且信息沟通一定程度上依赖于少部分成员，而这些成员正是该网络中的重要信息源，并在团队技术信息的传播方面发挥重要作用。

## 7.3 个体网络分析

个体网络分析主要针对节点的中心度与结构洞进行分析，通过对沟通网络中成员中心度和结构洞的分析，能够了解各成员在沟通网络中所处的位置及对整个网络信息流动方向与途径的影响。

### 7.3.1 点中心度分析

在社会网络分析中，通常用点中心度这一指标来找出网络中的活跃成员，即哪个成员在网络中的互动对象最多。如果一个成员具有高点中心度，表明该成员在网络中拥有大量的直接联系，在网络中扮演重要角色，并且很有可能在团队中占据重要信息；而一个具有较低中心度的个体，拥有的直接联系较少，由于各种原因不能融入团队交流中，这样的成员往往处于网络的边缘位置，在信息交流过程中是不活跃的，容易形成团队信息沟通的盲区，对整个团队的信息共享不利。

在信息沟通网络中，点入度中心度表示的是在该沟通网络内某成员被其他成员咨询的频率，入度中心度高表明较多其他成员向这个成员咨询，他是团队内重要的技术信息源，对沟通网络内信息的交流和共享起着重要作用。点出度中心度表示是该沟通网络内某成员主动向其他成员咨询的频率，该值越高，表明该节点越能积极主动地向其他成员咨询并获取所需的技术信息，在沟通网络内对技术信息的吸收越活跃。

沟通网络内各成员节点的点入度中心度和点出度中心度计算结果如表7-5、表7-6所示。

表7-5是部分成员的点入度中心度，数值由大到小排列，第一列为成员的代号，第二列和第三列分别为该节点的绝对入度中心度和相对入度中心度。从图中可以看出，节点JZQ、WYT、BJP、ZDR、ZWB、CWW入度中心度较高，说明这些成员较多地被其他成员咨询，这些节点在沟通网络社群图往往也处于比较核心的位置，这就表明点入度中心度高的成员通常占据着网络的核心位置，成为网络内重要信息源。并且，经过实地调查发现，点入度中心度最高的6名成员基本均为该R&D团队中职务较高的人员，其工龄相对于其他成员也较长，这也表明该团队中高职务、高工龄的成员是其他成员频繁咨询的对象，在网络中充当着技术专家的角色。但是从另一个角度来说，一旦这些成员考虑到凭借自身拥有的技术专长而获得的地位优势，或过多的成员咨询使他感到负荷过重，从而拒绝其他成员的咨询和交流，这时就会对团队内技术信息的传递产生恶劣影响，甚至会导致D&R团队分裂成完全独立的小团体。

**表7-5 点入度中心度计算结果（部分）**

| | InDegree | InDegree/% |
|---|---|---|
| JZQ | 4 | 12.90 |
| WYT | 4 | 12.90 |
| BJP | 4 | 12.90 |

续表

| | InDegree | InDegree/% |
|---|---|---|
| ZDR | 4 | 12.90 |
| ZWB | 4 | 12.90 |
| CWW | 4 | 12.90 |
| XTM | 3 | 10.00 |
| ZXK | 3 | 10.00 |
| LFQ | 2 | 6.67 |
| QLL | 2 | 6.67 |
| … | … | … |
| CYC | 1 | 2.23 |
| WPC | 1 | 2.23 |
| ZHD | 1 | 2.23 |
| LB | 0 | 0 |
| WSL | 0 | 0 |
| YW | 0 | 0 |

成员 LB、WSL、YW 的点入度中心度最低，其点绝对中心度和点相对中心度均为 0；其次是成员 CYC、WPC、ZHD 等，这些成员的点绝对中心度均为 1，表明上述成员较少地被网络中其他成员咨询。尽管如此，并不能就此判断这些成员与团队内其他成员的交流比较少、处在信息沟通网络的边缘位置。这些成员信息交流是否活跃，不仅仅取决于点入度中心度，还取决于点出度中心度，各成员出度中心度如表 7-6 所示。

表 7-6 是部分成员的点出度中心度，按其数值由大到小排序，该指标表示某成员向其他成员咨询的频率。分析点出度中心度较高的成员可知，在较少被他人咨询（点入度中心度最低）的成员中，XTM、ZDR、LFQ、MAJ 的点出度中心度都

较高，其绝对点出度中心度都在4以上，这就说明这些成员虽较少被其他成员咨询，但是他们往往主动地向其他成员发出咨询并获取所需技术信息，是沟通网络内活跃的信息吸收者，实地调查发现，具备这些特点的成员工龄都较短。

除此之外，分析还发现ZDR、XTM等点入度中心度高的成员，其点出度中心度也相对比较高，这就说明他们在团队网络内不但充当技术信息源的角色，向外传播自身技术，而且也积极地向其他成员咨询，对团队内技术信息交流的活跃程度有很大的贡献。

**表7-6 出度中心度计算结果（部分）**

| | OutDegree | OutDegree/% |
|---|---|---|
| XTM | 6 | 20.00 |
| ZDR | 5 | 16.67 |
| LFQ | 4 | 13.13 |
| MAJ | 4 | 13.13 |
| YY | 3 | 10.00 |
| LGL | 3 | 10.00 |
| DJH | 3 | 10.00 |
| YW | 3 | 10.00 |
| OYJ | 3 | 10.00 |
| BJP | 2 | 6.67 |
| … | … | … |
| JZQ | 1 | 3.33 |
| CWW | 0 | 0 |
| YCH | 0 | 0 |

### 7.3.2 结构洞分析

在结构洞能够为沟通网络中的成员提供非冗余的技术信息，结构洞的占据者或者说是中间人能够在两个无直接联系的团队成员之间建立关系。因为R&D团队中每个成员所掌握的信息和资源不是完全同质的，所以跨越不同成员之人倾向于拥有更多异质信息和资源，这将会给他们带来更多的机会和更高的地位，富有结构洞的沟通网络通过“网络桥”的联结可以促进技术信息在沟通网络中的流动，降低网络中信息的不对称性。

前面已经给出了结构洞的测度指标与计算方法，并且结构洞的计算本身适用于考虑联结强度的网络，不论是分析整体网数据，还是个体网资料，都可以采用Burt的结构洞指标，尤其是网络限制度指标。社会网络学者也常用中介中心度指标来代替限制度指标衡量网络中的结构洞状况。正如前面所述，限制度指标是衡量结构洞最重要的指标，网络的限制度指标描述的是一个成员受到“限制”的程度，即该成员在其所属的网络中拥有的运用结构洞的能力，限制度越低，占据的结构洞的位置就越多，该成员运用网络结构洞的能力也就越强。技术信息沟通网络中各节点的结构洞的分析结果如表7-7所示。

**表7-7　沟通网络结构洞分析结果**

| | 中心度 | 有效值 | 有效性 | 限制度 |
|---|---|---|---|---|
| YY | 4.000 | 2.858 | 0.715 | 0.594 |
| TRY | 0.000 | 0.000 | | |
| XTX | 1.000 | 1.000 | 1.000 | 1.000 |
| JZQ | 4.000 | 1.910 | 0.477 | 0.762 |
| LFQ | 6.000 | 4.799 | 0.800 | 0.412 |
| WYT | 4.000 | 2.112 | 0.528 | 0.720 |
| QLL | 2.000 | 2.000 | 1.000 | 0.640 |
| BJP | 4.000 | 2.726 | 0.681 | 0.652 |
| GJ | 1.000 | 1.000 | 1.000 | 1.000 |

续表

| | 中心度 | 有效值 | 有效性 | 限制度 |
|---|---|---|---|---|
| ZGQ | 1.000 | 1.000 | 1.000 | 1.000 |
| XTM | 6.000 | 4.657 | 0.776 | 0.417 |
| ZXK | 3.000 | 1.623 | 0.541 | 1.011 |
| MAJ | 4.000 | 4.000 | 1.000 | 0.250 |
| JH | 4.000 | 2.673 | 0.668 | 0.639 |
| LGL | 3.000 | 2.353 | 0.784 | 0.610 |
| LYX | 2.000 | 2.000 | 1.000 | 0.625 |
| ZDR | 7.000 | 5.602 | 0.800 | 0.425 |
| OYJ | 5.000 | 4.282 | 0.856 | 0.385 |
| WLH | 3.000 | 1.283 | 0.428 | 0.952 |
| WL | 2.000 | 1.106 | 0.553 | 1.088 |
| ZL | 2.000 | 2.000 | 1.000 | 0.545 |
| NPR | 2.000 | 2.000 | 1.000 | 0.503 |
| SF | 1.000 | 1.000 | 1.000 | 1.000 |
| DJH | 3.000 | 3.000 | 1.000 | 0.391 |
| ZWB | 4.000 | 4.000 | 1.000 | 0.298 |
| LB | 0.000 | 0.000 | | |
| WSL | 0.000 | 0.000 | | |
| WXJ | 3.000 | 3.000 | 1.000 | 0.366 |
| YCH | 2.000 | 2.000 | 1.000 | 0.500 |
| CWW | 4.000 | 2.965 | 0.741 | 0.592 |
| YW | 3.000 | 3.000 | 1.000 | 0.340 |

从表7-7可以看到，沟通网络中各成员的限制度指标为0～1.235，限制度指标为0的成员均为网络中的孤立点，除孤立点之外，沟通网络中存在8个限制度指标小于0.5的节点，如表7-8所示。成员MAJ的限制度最低，为0.250，这与

MAJ在R&D团队中技术顾问的地位非常吻合（见图7-1）。成员ZWB、WXJ、OYJ、DJH等次之，这些拥有结构洞较多的成员均匀地分布在研发中心的各个分中心，这些成员由于与其他成员的频繁交流，他们掌握了更丰富的信息资源，接着他们又将吸引那些需要这些信息和资源的同事，从而吸引更多的成员与他们交流，成为团队内部交流的“核心人物”。

**表7-8　技术信息咨询网络中限制度最低的成员**

| | MAJ（技术顾问） | ZWB | WXJ | OYJ | DJH | LFQ | XTN | ZDR |
|---|---|---|---|---|---|---|---|---|
| 限制度 | 0.250 | 0.298 | 0.366 | 0.385 | 0.391 | 0.412 | 0.417 | 0.425 |

此外，成员XTX、GJ、ZGQ、ZXK、WL、SF的限制度最低，图7-1中也能看出这些成员处于网络的边缘位置。

进一步研究发现，沟通网络中限制度指标较低的成员，其网络有效规模指标都比较高；成员的效率指标也相对较高，即节点的有效规模与实际规模的比值较大；节点的等级度指标普遍较小，表示这些成员节点受到的限制少。总的来说，这些成员对技术信息传播的控制能力较强，即运用结构洞的能力较强。

对网络限制度进一步分析发现，该沟通网络中的结构洞分布相对分散，网络中不少成员都或多或少地占据着结构洞的位置，只有少部分成员的限制度指标特别低（如MAJ和ZWB），这些团队成员的限制性指标分析结果显示他们占据的结构洞比其他成员多。因为结构洞占据者不仅能够吸收不同成员之间的异质信息，也能把自己掌握的技术信息有选择地传递给不同的成员，所以，占据较多结构洞位置的成员是技术信息沟通网络中的核心成员。

### 7.3.3 中介中心度分析

从前面的分析可知，中介中心度测量的是一个节点在多大程度上位于网络中其他节点对的“中间”，即衡量一个成员对信息沟通渠道的垄断程度。中介中心度指标常被社会网络学者用于衡量一个网络结构洞程度的指标。一般来说，在一个社会网络中，中介中心度指标高的节点，占据着信息流动的必经路径，拥有的结构洞也多，因此有更多的机会控制和引导成员间信息流动的方向和数量。在R&D团队沟通网络中，中介中心性指标高的成员在协调团队内部矛盾和促进技术信息的交流方面起着不可忽视的作用。

该沟通网络各节点中介中心度的计算结果如表7-9所示。

表7-9给出部分节点的中介中心度指标，按数值从大到小的顺序排列，表示该节点对信息沟通渠道的控制程度。该沟通网络中，ZDR的中介中心度数值最高，表明其占有的结构洞也最多，相对中介中心度为6.667%。其次是OYJ、XTM、LFQ，这些节点占据着网络中较多的结构洞位置，在团队技术信息传播过程中发挥重要的桥梁作用，更能够有效地控制其他节点对之间的信息流动，这也是结构洞占据者所拥有的控制优势。Burt的结构洞理论还指出，处于结构洞位置的成员还具备一种优势——获取优势，即使结构洞占据者在沟通网络中不是信息源角色，也能够利用其在网络中所处的极具战略优势的位置获得来自团队内不同个体或群体的非冗余的技术信息，成为技术信息的集散中心。因此，正是这些成员的存在，使得原本联系匮乏的成员能够顺利地进行信息沟通，也使得团队内成员间的联系更稳固、更密切，进一步促进了R&D团队内的信息交流与共享，推动了整个企业的技术进步。

表 7-9　中介中心度计算结果（部分）

| | 中介中心度 | 相对中介中心度/% |
| --- | --- | --- |
| ZDR | 58.000 | 6.667 |
| OYJ | 43.500 | 5.000 |
| XTM | 40.500 | 4.655 |
| LFQ | 30.500 | 3.506 |
| YY | 16.000 | 1.839 |
| ZL | 12.500 | 1.437 |
| NPR | 12.000 | 1.379 |
| ZWB | 11.500 | 1.322 |
| DJH | 9.000 | 1.034 |
| BJP | 8.500 | 0.977 |
| … | … | … |
| WLH | 0.000 | 0.000 |
| WL | 0.000 | 0.000 |

同样，可以计算出任意两个成员间联结的中介中心度（即“边”的中介中心度）指标，我们发现，由成员 OYJ 出发到成员 ZDR 和 LFQ 的联结的中介中心度最高，达到了 37.5，这就表明成员 OYJ 到 ZDR 和 LFQ 的联结对于网络内的信息沟通与交流发挥最为重要的作用，从 NPR 到 XTM 之间的连结次之。

虽然中介中心度指标常被用来衡量一个网络的结构洞程度，但是该指标只适用于二值网络的计算（即默认每条联结的强度相同），用该指标测度考虑连结强度的沟通网络中个体的结构洞程度难免差异较大，介于本书研究对象是一个将沟通实质性效果作为连结强度的带权重的网络，故将第 3 章中提出的加权中介中心度引入。

根据公式

$$C_{B(w)}(v)=\sum_{s\neq t\in v;dist(s,t=2)}\frac{1}{1/w_{sv}+1/w_{vt}}\times\frac{\sigma(s,t\mid v)}{\sigma(s,t)} \tag{7-8}$$

计算得各节点加权中介中心度，如表7-10所示。

**表7-10　加权中介中心度计算结果（部分）**

| | 加权中介中心度 | 加权相对中介中心度/% |
|---|---|---|
| ZDR | 53.725 | 6.176 |
| OYJ | 44.352 | 5.098 |
| XTM | 38.667 | 4.445 |
| LFQ | 29.977 | 3.446 |
| YY | 13.826 | 1.590 |
| ZL | 10.575 | 1.216 |
| NPR | 11.725 | 1.348 |
| ZWB | 15.125 | 1.739 |
| DJH | 12.462 | 1.432 |
| BJP | 7.875 | 0.905 |
| … | … | … |
| WLH | 0.000 | 0.000 |
| WL | 0.000 | 0.000 |

将表7-8、表7-9中两组计算结果分别与限制度指标分析结果合并，利用Ucinet中“similarities”功能，分别计算中介中心度指标、加权中介中心度指标与限制度指标的相似性，即中介中心度与限制度分析结果的吻合程度，得到如表7-11所示结果。

**表7-11　限制性指标与中介中心度**

| | 限制度 | 中介中心度 |
|---|---|---|
| 限制度 | 1.000 | −0.745 |
| 中介中心度 | −0.745 | 1.000 |

从表7-11、表7-12中可以看出，中介中心度、加权中介中心度与限制度分析结果均呈明显负相关，但后者与限制度的相似性系数更大，说明加权中介中心度能更准确地测度带权值的沟通网络的结构洞程度，从而验证了该加权算法的有效性。

**表7-12　加权中介中心度的相似系数**

| | 限制度 | 加权中心度 |
|---|---|---|
| 限制度 | 1.000 | −0.875 |
| 加权中心度 | −0.875 | 1.000 |

### 7.3.4　接近中心度分析

在点中心度衡量的是个体的中心度程度，没有将对其他成员的控制程度考虑在内，中介中心度指标虽然考虑到这一点，却没有将避免受其他成员控制的程度考虑在内。接近中心度指标就是一种对特定成员不受其他成员控制程度的测度，这一概念首先由A. Bavelas等学者提出。

接近中心度能将成员在网络中所处的位置更直观地反映出来，即处在网络中心还是网络边缘。成员的接近中心度指标越高，该成员与网络中其他成员的测地线距离越短，获取或传递信息时就越少依赖其他个体，也即信息沟通路径越不易受其他成员控制。接近中心度高的成员与网络中其他个体间的沟通距离普遍很短，大大提高了信息传递和流动的效率。

网络中各成员的接近中心度分析结果如表7-12所示。

**表7-12　接近中心度分析结果（部分）**

| | 接近中心度 | 距离 |
|---|---|---|
| OYJ | 20.000 | 150.000 |
| ZDR | 19.108 | 157.000 |
| CWW | 18.987 | 158.000 |
| LFQ | 18.750 | 160.000 |
| ZWB | 18.405 | 163.000 |

续表

| | 接近中心度 | 距离 |
|---|---|---|
| MAJ | 18.072 | 166.000 |
| LGL | 18.072 | 166.000 |
| BJP | 17.964 | 167.000 |
| YCH | 17.544 | 171.000 |
| XTM | 17.341 | 173.000 |
| … | … | … |

表 7-12 按降序给出了部分成员的接近中心度指标，其中成员 OYJ 的接近中心度数值最大，其次是 ZDR、CWW、LFQ，表明上述成员与网络中其他成员之间测地线短，信息可达性高，在该沟通网络内较少受到来自其他成员的控制，他们在技术信息沟通中的积极参与将大幅度提高信息传播的效率，从而促进整个团队内技术信息交流行为的进一步活跃。此外，进一步分析发现，接近中心度指标与节点中心性指标高度相关，即接近中心度高的成员往往节点中心度也较高。

## 7.4 凝聚子群分析

凝聚子群分析主要用于揭示网络的子结构，通过凝聚子群分析可以了解网络中子群的数量、规模，以及各个子群之间关系如何，子群内部成员之间关系如何，不同子群成员之间的关系又具备怎样的特点。因此，通过凝聚子群的分析可以揭示该企业 R&D 团队沟通网络的子结构。

所谓凝聚子群就是指组织中的一小部分人关系特别密切，进而结合成一个小团体，凝聚子群是社会网络分析的一个重要方向。凝聚子群内部的成员之间通常具备相对直接的、较强的并且积极的关系，因此可以从不同角度来分析这种关系的属性，根据不同的关系属性分析能够得到不同类型的凝聚子群：① 派系（建立在互惠性基础上的凝聚子群）；② K-丛（建立在节点度数基础上的凝聚子群）；③ N-宗派（建立在直径和可达性基础上的凝聚子群）；④ 成分（建立在群内外关系基础上的凝聚子群）。

通过前面内容的分析发现，该 R&D 团队沟通网络是一个关联度较低的网络，而低关联度的网络很有可能存在分派结构，因此，对该沟通网络的分派情况进行详细分析，即研究该 R&D 团队沟通网络的子结构，分别分析该网络中上述四种类型的凝聚子群。

### 7.4.1 沟通网络的派系分析

派系分析能够让我们发现网络中凝聚性高、联系紧密的凝聚子群，派系实际上是网络中至少包含 3 个节点的最大完备子图。在一个派系中，任意两点之间均存在一条连结，并且一个派系不能包含于其他任何派系之中。下文提到的概念“成分”就不如“派系”严格，在一个成分中，不要求任意两点之间都存在连结，但在一个派系中，所有节点都必须两两相连。

对技术信息沟通网络进行派系分析，分析结果显示：如果将子群的最低规模定为 3，则得到 7 个派系；如果将子群的最低规模定为 4，则得到 3 个派系；如果将子群的最低规模定为 5，则得到 1 个派系；如果将子群的最低规模定为 6，则无法得到派系。由此可见，该 R&D 团队沟通网络中派系的最大规模为 5 个节点，派系分析结果如表 7-13 所示。

**表 7-13 沟通网络中的派系**

<table>
<tr><td colspan="2">成员数量</td><td colspan="2">3</td><td>4</td><td colspan="2">5</td><td>6</td></tr>
<tr><td colspan="2">派系数目</td><td colspan="2">7</td><td>3</td><td colspan="2">1</td><td>0</td></tr>
<tr><td colspan="2">派系的最小规模</td><td>3</td><td colspan="2">派系的最大规模</td><td>5</td><td>派系总数</td><td>11</td></tr>
</table>

通过派系分析得到技术信息沟通网络的凝聚子群，上述子群内部任意两个成员之间均存在直接的信息沟通关系，图 7-3 分别列举了沟通网络中不同规模的派系。

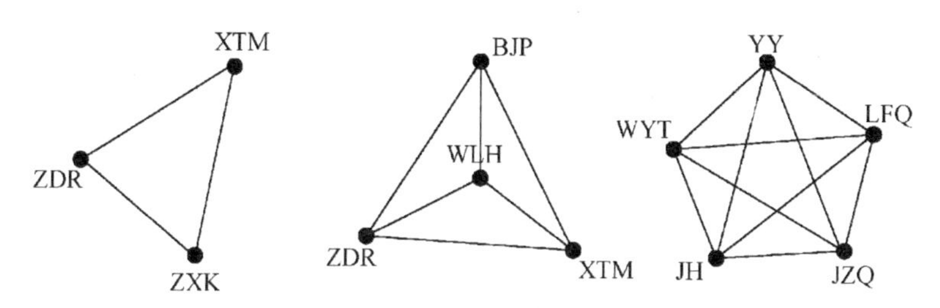


**图 7-3　沟通网络中不同规模的派系**

根据派系分析的结果可知，技术信息沟通网络中存在的派系并不多，派系的规模也相对偏低，并且，该网络中派系的数量随派系成员的增加而减少，由此可见，这种内部信息沟通极为畅通的子群其规模普遍较小。实际上，在现实的网络中要找到连结如此紧密的小团体也是很难的。

在图论意义上，派系中所有成员的地位都是等同的，即对沟通网络进行派系分析所获得的子群，其内部所有成员之间都处在同等的地位上，任何两个成员之间均存在直接的技术信息沟通关系，他们之间没有任何的区别，即派系中即没有不被认同的边缘成员，也没有获得广泛认同的核心成员，更没有信息的集散中心。

需要特别指出的是，不同的派系可以存在部分重叠，即一个成员可以属于多个派系，也可以不属于任何派系，但是，任何派系均不能完全包含于另一个派系之中。该 R&D 沟通网络中的派系也出现重叠现象，有部分成员同时属于多个不同派系，如成员 ZDR 和 XTM 均同时属于 3 个派系，这些成员在网络中具有重要意义。这些节点不但同时属于多个派系，又分别与各自派系中的全部成员存在直接的沟通关系，因此，可以把这些同时属于多个派系的成员看作是派系之间的“桥”节点，他们所掌握的技术信息能够直接、迅速地传递到不同子群成员中去。

分析该沟通网络中派系规模普遍偏低的原因，可以得出以下两点：① 派系的概念非常的严格，要求沟通网络中子群内的任意两个成员之间必须存在直接的信息沟通关系，通常只有关系非常密切的朋友圈中才会形成如此密集的沟通，上述这种关系亲密的朋友圈的人数自然很少，通常为 2～7 人；② 派系的规模往往受成员点度数的限制，如前文所述，点度数指与该节点直接相连的个体的数目，该沟通网络中点度数的均值为 1.81，点度数最高的也仅为 9，点度数普遍偏低是导致派系规模较小的直接原因。

### 7.4.2 沟通网络的 K-丛分析

K-丛是一种建立在节点度数基础上的凝聚子群，任何 K-丛必须满足以下条件：在一个子群中，任意节点都至少与除了 $k$ 个节点之外的所有剩余节点相连。也就是说，若一个凝聚子群的规模为 $n$，只有当该子群中任意成员节点的度数均不小于 $n-k$ 时，才可以称该子群为 K-丛。与派系相比，K-丛放松了一些要求，派系中的任意两个成员之间都直接相连，而 K-丛中的成员只需与大部分成员直接相连即可。

对该信息沟通网络进行 K-丛分析，通过设置不同 $k$ 值和 $n$ 值就能控制 K-丛子群的凝聚力。如果将 $k$ 值设为 2，凝聚子群的规模 $n$ 值设为≥3，K-丛分析的结果能够得到 77 个 2-丛子群；调整 $k$ 的取值与子群的最低规模，如果将 $k$ 值设为 3，凝聚子群的规模 $n$ 值设为≥5，K-丛分析的结果能够得到 832 个 3-丛子群。上述对 $k$ 值及 $n$ 值的确定都能够确保子群具有一定的内聚力，子群内部的连接相对紧密，沟通网络的 K-丛分析结果如表 7-14 所示。

由表 7-14 能够看出，该 R&D 团队沟通网络的 K-丛分析结果得到了较多的规模相对较小的子群。K-丛分析很好地体现了子群的凝聚力思想，该沟通网络中规模为 5 的 2-丛子群的数量仅为 1，此时，子群内的个体必须与 3 个及以上的其他个体直接相连；但规模为 5 的 3-丛子群的数量增加到了 17，此时，子群内的个体只需与 2 个及以上的其他个体直接相连即可，可见 K-丛子群的内聚力降低了。也就是说，随着 $k$ 值的增大，子群的数目增多，子群的内聚力减小。

**表 7-14 沟通网络的 K-丛**

| $k=2$ 且 $n\geqslant 3$ | | $k=3$ 且 $n\geqslant 4$ | |
|---|---|---|---|
| 成员数目（$n$） | K-丛数目 | 成员数目（$n$） | K-丛数目 |
| 3 | 69 | 4 | 815 |
| 4 | 7 | 5 | 17 |
| 5 | 1 | 6 | 0 |
| 6 | 0 | 7 | 0 |

上述分析结果表明，该沟通网络中存在较多的具有高凝聚力的 K-丛子群，K-丛子群与派系相比，对凝聚力的要求较低，因为 K-丛只要求子群中的个体与网络中大部分成员相连接即可。正是因为 K-丛放松了对凝聚力的要求，所以该信息沟通网络中 K-丛分析所得子群数目相对于派系分析时显著增加，这种现象可以解释为，该 R&D 团队沟通网络中存在不少通过技术信息交换而聚集在一起的同事圈，但圈子里的成员并不是人人都非常亲密，我们仅仅认为圈子里的一部分成员关系非常密切，并且子群中大多数成员间存在直接的技术信息沟通关系。还需指出的是，相对于派系的重叠现象，2-丛子群的重叠现象更为明显，如 LFQ 和 XTM 同时从属于 11 个 2-丛子群，BJP 同时从属于 10 个 2-丛子群，可以看出这些存在密切沟通关系的同事圈大量重叠，即便圈子的规模不大，但正是由于这

种重叠的存在，技术信息传播的范围迅速扩大。

7.4.3　沟通网络的N-宗派分析

N-宗派是一种建立在直径与可达性基础上的凝聚子群，N-宗派是必须满足下列条件的一个N-派系：即一个N-派系中任意两节点间的测地线距离均不得大于$N$，此处所说的距离指两节点在网络中的距离。该沟通网络N-宗派分析结果显示，将节点间测地线距离（$N$）设为≥2，并且将子群的最小规模设为3时，沟通网络中存在17个子群，2-宗派分析结果如表7-15所示。

**表7-15　沟通网络的2-宗派**

<table>
<tr><td>子群内成员数量</td><td>3</td><td colspan="2">4</td><td>5</td><td colspan="2">6</td><td>7</td><td colspan="2">8</td></tr>
<tr><td>子群数目</td><td>4</td><td colspan="2">4</td><td>3</td><td colspan="2">2</td><td>3</td><td colspan="2">1</td></tr>
<tr><td>子群总数</td><td>17</td><td colspan="2">子群最大规模</td><td>8</td><td colspan="2">子群平均规模</td><td colspan="3">4.9</td></tr>
</table>

N-宗派子群成员之间虽然并不均存在直接的信息沟通关系，但子群内部成员都是彼此相联结的，即成员间均存在直接或间接的信息沟通关系，并且节点间测地线距离（$N$）均≤2，这就表明子群成员间最多只存在一名中间人就建立起了沟通联系，即子群中任意成员只需通过一名同事就能和任何成员联系在一起。即便与派系相比，2-宗派子群内部成员的联系没有那么紧密，但因为2-宗派子群内部成员之间的测地线距离都很短，使得2-宗派子群更像是一个凝聚性较高的同事圈，圈内的信息沟通关系比较紧密。

2-宗派子群间的重叠现象也是非常明显的，同属两个及以上2-宗派子群的成员可视为子群链接者，在R&D团队沟通网络中有很多个2-宗派子群链接者，其中最活跃的子群链接者（如CWW）同属5个2-宗派子群。因为每个2-宗派子群都是一个联结得非常紧密的同事圈，子群链接者的存在又使得不同

2-宗派子群联结成一个更大的圈子，故子群链接者能够使技术信息的沟通范围更加的广泛。该沟通网络中 2-宗派子群链接者的数目如表 7-16 所示。

**表 7-16 沟通网络中 2-宗派子群链接者**

| 同时属于多少个 2-宗派子群 | 8 | 7 | 6 | 5 | 4 | 3 | 2 | 1 | 0 |
|---|---|---|---|---|---|---|---|---|---|
| 节点个数 | 1 | 0 | 1 | 3 | 2 | 10 | 6 | 5 | 3 |
| 节点总数 | 31 | 2-宗派子群链接者 | | | | | | 23 | |

### 7.4.4 沟通网络的成分分析

成分就是一个点集，通过连续的关系链将这些节点联结在一起，因此成分分析能够发现网络结构中的关系链，不同的成分间不存在任何关联。有向网络在进行成分划分时可以依据“强成分”和“弱成分”：如果一个成分中，任意两个体间均存在严格双向的联结，这样的成分就称为“强成分”；如果忽略连结的方向，即两个体间仅存在单向连结，这样的成分为“弱成分”。在对技术信息沟通网络进行成分分析时，我们关注的是节点之间是否存在技术信息的沟通关系，因为只要有关系，不论其方向如何，都会出现信息传播。因此，忽略信息的传播方向，对沟通网络进行“弱成分”分析，找出沟通网络中通过连续关系链连结在一起的凝聚子群。将成分的最小规模设定为 3，R&D 团队沟通网络的成分分析结果如表 7-17 所示。

**表 7-17 沟通网络中的强成分**

<table>
<tr><td>成员数量</td><td colspan="3">1</td><td colspan="2">28</td></tr>
<tr><td>子群数目</td><td colspan="3">3</td><td colspan="2">1</td></tr>
<tr><td>子群的最小规模</td><td>1</td><td>子群的最大规模</td><td>28</td><td>子群总数</td><td>4</td></tr>
</table>

由表7-17的成分分析结果可知，该沟通网络存在4个凝聚子群，其中3个是孤立点，即单点成分，除此以外，该沟通网络中存在一个大的成分在占据主导地位，该成分中的成员数量占据了全部网络节点数量的90.3%，为了得到更加深入的分析结果，我们必须进一步探测该最大成分子群的内部结构。该最大成分子群含有28个成员，分析可知，该成分的凝聚度为0.398；平均测地距离为2.387；最大测地距离为5。为了研究R&D团队技术信息的传播模式，还需进一步研究该沟通网络中最大成分的嵌套结构。

网络分析的的嵌套方法大致分为两类：一类是依据网络成员的点度数作为凝聚力的衡量标准；第二类是依据成员间连结的多元性作为凝聚力的衡量标准。对于该技术信息沟通网络，更适于用点度数衡量凝聚力的方法来揭示其嵌套结构，以点度数为衡量凝聚力的标准时，参考的子群是k-核（k-cores）。k-核是一个每个点都至少与网络中其他$k$个点连接的最大子图，图7-4是沟通网络中最大成分子群的3-核图。在图7-4中，凝聚区域｛WLH、ZDR、BJP、XTM｝和区域｛LFQ、JH、WYT、JZQ、YY｝是通过成员BJP提供的弱关系连结在一起的。一个3-核子群中，每个成员的点度数最低为3；若降低凝聚力标准，将度数为2的节点也添加进来，则边界向外扩散，形成2-核子群；进一步降低凝聚力标准，将度数为1的节点也添加进来，即联系最弱的层次，形成1-核子群，也就形成了一个成分，因为成分中所有节点都彼此连结，故其度数至少是1。以上就是该沟通网络成分子群的嵌套模式。

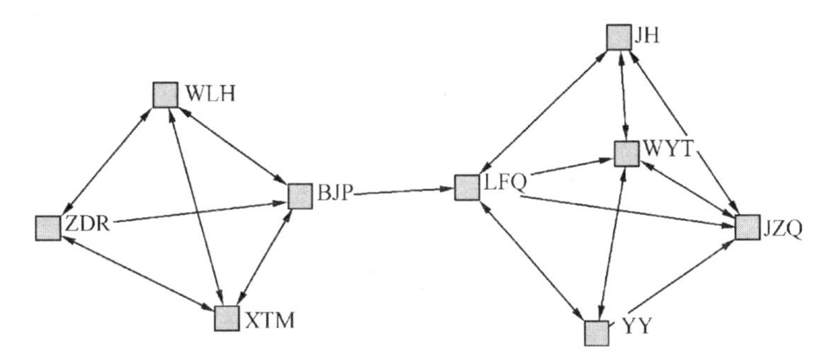


**图 7-4　沟通网络最大成分子群 3-核图**

研究结果显示，该 R&D 沟通网络中成分子群内部的个体之间均存在信息的沟通关系，不论这种联结关系是直接的，还是通过关系链联结起来的，因此，网络中成分子群的规模和数量标志着其成员进行信息沟通的可能性和限制性。自然形成的以信息为客体的沟通网络往往分为多个成分，表示一个企业的 R&D 团队中，并不是所有成员都是全联通的，这是正常现象。并且，成分子群的规模大小不一，规模相对小的子群其内部信息传播限制性较大，传播机会较少；规模相对大的子群其内部信息传播的限制性较小，传播机会较多。网络中成分子群规模的大小不仅与成员所处的网络有关，也与成员自身的特性有很大的关系。

除此之外，通过研究对沟通网络成分子群的嵌套结构，发现 k-核构成了信息沟通网络中各成分子群中的域，形成了成分中凝聚力较强的子群，网络中的成分子群也正是以上述凝聚在一起的域为核心，随着紧密度或者凝聚力标准降低，其边界逐步向外扩散，将越来越多的节点包含进来，在凝聚力最弱的层次上，网络中全部节点均包含在同一个成分之中。上述成分子群的嵌套模式揭示出技术信息在企业 R&D 团队中的传播方式，技术信息在多个内部紧密联系的小群体中流动，即便这些小群体的规模都相对小，通常为 3～5 人，但这些小规模群体又通过子群链接者的弱关系联系在一起，这些弱关系的存在使得技术信息能够在多个小群体间迅速传播。故连接小群体的弱关系还需进一步探究。

## 7.5 基于社交的非正式沟通网络分析

从社会网络角度对该共享技术 R&D 团队沟通网络中一个重要层面——技术信息咨询网络进行了详尽分析，这一节将对沟通网络的第二个层面——非正式沟通网络进行简要分析，探索其与技术信息咨询网络、组织机构之间的关系。图 7-5 为非正式沟通网络社群图。

计算得该网络的密度为 0.0954，咨询网络的密度为 0.0602，可见社交网络在该 R&D 组织中的互动程度比咨询网络似乎更为活跃。这是可以解释的，因为 R&D 团队中的成员总是更倾向于独立解决问题，降低咨询他人的频率，因为频繁地向他人请教问题往往会降低成员在团队中的威信。

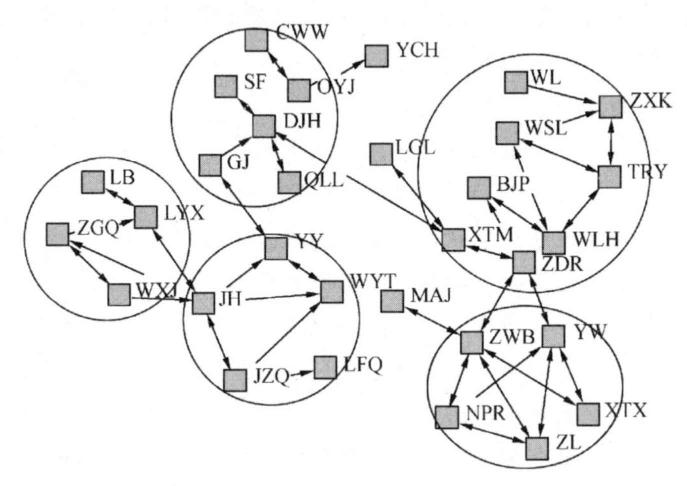


图 7-5　非正式沟通网络社群图

计算得该网络的中心势为6.77%，技术咨询网络的中心势为14.6%，远高于前者，由此看出非正式沟通网络沟通渠道的分布更为均匀，信息沟通集中于少部分人的现象不如技术咨询网络那么明显，也即技术咨询网络中核心人物的地位更加突出，这一结果也为我们利用非正式沟通网络促进R&D组织技术信息的交流提供了依据。

表7-18给出了非正式沟通网络的结构洞分析结果。

**表7-18 非正式沟通网络结构洞分析结果**

| | 中心度 | 有效值 | 有效性 | 限制度 |
|---|---|---|---|---|
| YY | 3.000 | 2.400 | 0.800 | 0.447 |
| TRY | 3.000 | 1.800 | 0.600 | 0.908 |
| XTX | 2.000 | 1.000 | 0.500 | 1.235 |
| JZQ | 3.000 | 1.704 | 0.568 | 1.037 |
| LFQ | 2.000 | 1.114 | 0.557 | 1.091 |
| WYT | 4.000 | 2.871 | 0.718 | 0.584 |
| QLL | 1.000 | 1.000 | 1.000 | 1.000 |
| BJP | 1.000 | 2.000 | 1.000 | 0.654 |
| GJ | 2.000 | 2.000 | 1.000 | 0.506 |
| ZGQ | 3.000 | 2.178 | 0.726 | 0.758 |
| XTM | 3.000 | 3.000 | 1.000 | 0.360 |
| ZXK | 3.000 | 2.492 | 0.831 | 0.556 |
| MAJ | 1.000 | 1.000 | 1.000 | 1.000 |
| JH | 6.000 | 4.925 | 0.821 | 0.419 |
| LGL | 1.000 | 1.000 | 1.000 | 1.000 |
| LYX | 3.000 | 2.483 | 0.828 | 0.545 |
| ZDR | 4.000 | 3.500 | 0.875 | 0.483 |
| OYJ | 3.000 | 3.000 | 1.000 | 0.431 |
| WLH | 3.000 | 2.487 | 0.829 | 0.534 |

续表

| | 中心度 | 有效值 | 有效性 | 限制度 |
|---|---|---|---|---|
| WL | 1.000 | 1.000 | 1.000 | 1.000 |
| ZL | 3.000 | 1.375 | 0.458 | 0.987 |
| NPR | 3.000 | 1.083 | 0.361 | 1.088 |
| SF | 1.000 | 1.000 | 1.000 | 1.000 |
| DJH | 5.000 | 5.000 | 1.000 | 0.227 |
| ZWB | 6.000 | 4.481 | 0.747 | 0.520 |
| LB | 1.000 | 1.000 | 1.000 | 1.000 |
| WSL | 3.000 | 2.108 | 0.703 | 0.741 |
| WXJ | 2.000 | 1.350 | 0.675 | 0.955 |
| YCH | 1.000 | 1.000 | 1.000 | 1.000 |
| CWW | 1.000 | 1.000 | 1.000 | 1.000 |
| YW | 5.000 | 3.646 | 0.729 | 0.545 |

表 7-19 按序给出了非正式沟通网络中的低限制度成员（小于 0.5），这些成员在技术信息咨询网络中的限制度同样很低（小于 0.5），说明在非正式沟通网络中占据较多结构洞的成员，也一定程度上控制着技术信息的传播与共享，两个网络中的核心信息源大部分重叠，可以看出咨询网络与社交网络存在着非常密切的关系。这些成员不仅拥有较高的度数（即意味着更高的沟通频率），而且处在信息流通的关键路径上，在非正式沟通小团体之间充当着“桥”的作用。

**表 7-19　非正式沟通网络中限制度最低的成员**

| | DJH | XTM | JH | OYJ | YY | ZDR |
|---|---|---|---|---|---|---|
| Constraint | 0.227 | 0.360 | 0.419 | 0.431 | 0.447 | 0.483 |

非正式沟通网络中没有孤立的点，由此看出，虽不是每个成员都愿意向他人请教技术问题，但每个成员都乐于结交朋

友。并且，社交沟通网络中关系密切的小群体与机构组织的划分几乎重合（图 7-5 中圆圈标出），可以看出团队中成员更倾向于与同部门的成员发展起社交友谊，说明组织机构的划分是影响成员发展社交关系的重要因素，这也为接下来分析通过不定期正式组织机构的调整从而促进组织内部沟通提供了依据。

## 7.6　提高共性技术 D&R 团队沟通网络效率的策略

### 7.6.1　搭建信息桥，避免结构洞

如图 7-6 所示，该网络是一个强联结网络模型，密度高是强联结网络的最大特点，为了保持这种强联结，网络中的成员必须维持高频率的信息沟通，所以此类强联结网络往往规模受到限制，一般只能形成小团体。企业 R&D 团队信息沟通网络也通常由这些小团体构成，将高密度小团体联结起来的成员所拥有的是弱联结，即网络中的结构洞，如图 7-7 所示。

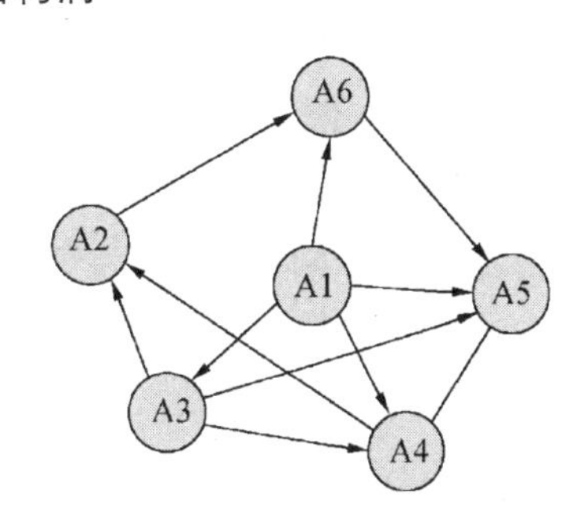


图 7-6　强联结网络模型

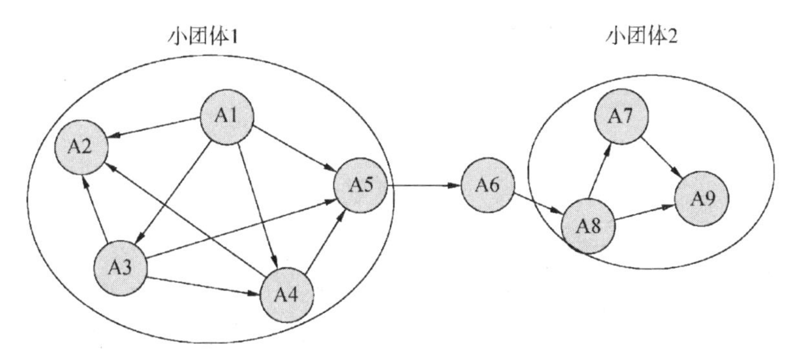


图 7-7　弱联结与结构洞

如图 7-7 所示，小团体 1 和小团体 2 之间不存在直接联系，只能经由成员 A6 两个小团体之间才能进行信息的沟通，成员 A6 所占据的位置就是结构洞，在沟通网络信息共享中处于相对垄断的地位，占据较多的结构洞位置，具备汇聚多方有价值信息的结构洞优势，能很大程度上控制其他成员间专业技术的交流，一旦他们离开，或者当其自身利益与组织利益相悖时，就可能刻意阻断这些有价值的技术信息在组织内的传播，届时将对整个沟通网路的信息共享产生极为不利的影响。因此，在网络中的结构洞位置，管理层需要有意识地通过增加小团体之间的连结来搭建信息桥。在阻碍两个小团体交流的结构洞位置上，增加连结各个独立团体的节点，使两方的信息交流不再受结构洞的限制，从而促进了网络中成员间的信息沟通，使每个小团体内的信息和资源能迅速畅通地与其他小团体成员共享并最终成为整个 R&D 团队所拥有的信息资源。信息桥的搭建如图 7-8 所示。

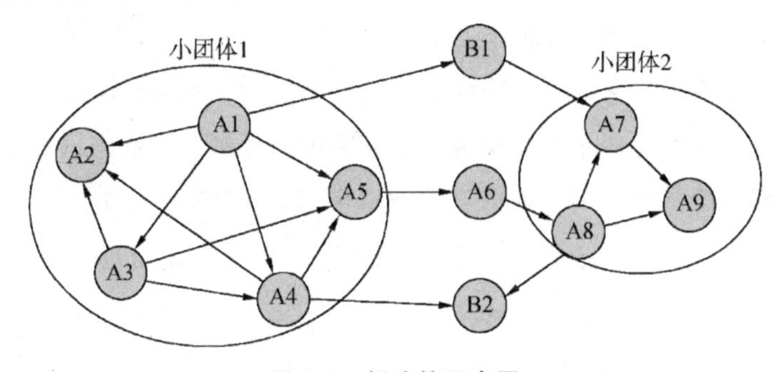


**图 7-8　桥连接示意图**

当忽略搭桥成本时，对网络中任意两个节点搭桥当然很容易，但是在实际操作中，成本始终是要考虑的重要因素，不论是要对组织机构进行调整还是组建临时工作小组，或是调整办公室的位置，都是需要成本的。因此，要在比较取舍后对部分节点进行搭桥是更好的做法。

如图 7-9 所示，假设成员 1 是结构洞占据者，成员 2～6 与其存在强关系，若要削弱成员 1 的核心地位，要对网络中的其他成员进行“搭桥”。

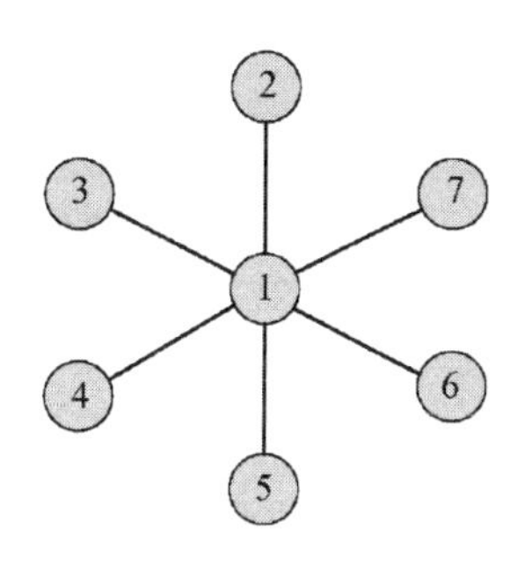

图 7-9　个人中心网络

假设由于成本限制，只能对该个人中心网络“搭桥”六次，给出了如图 7-10 所示的四种策略：第一种策略将其中的 4 个节点通过“搭桥”形成两两相连的完备图，其余两个节点不作处理；第二种策略将其中 5 个节点通过“搭桥”形成一个不完备且不对称的子图，其余一个节点不作处理；第三种策略将其中 5 个节点通过“搭桥”形成一个不完备但对称的子图，其余一个节点不作处理；第四种策略将 6 个节点通过“搭桥”首尾相连形成环状。

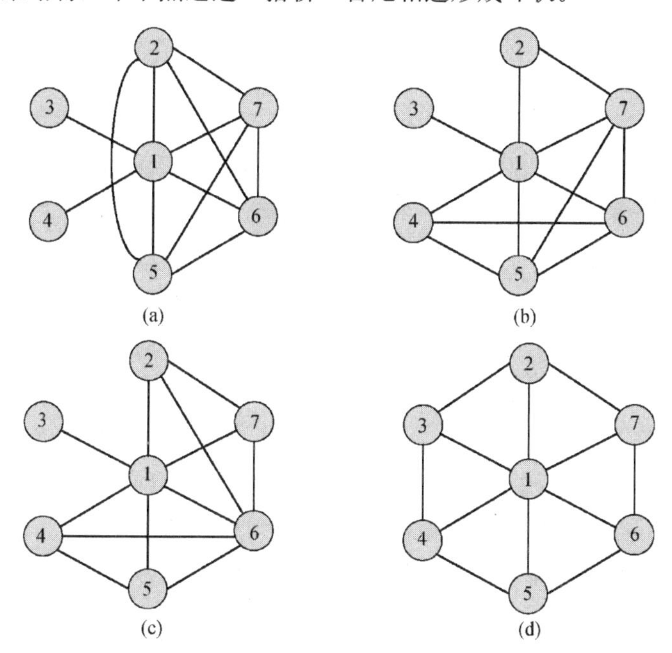

图 7-10　对个人中心网络的四种“搭桥”策略

分别计算以上四种策略下“核心人物”1的结构洞指标，如表7-20所示。

表7-20 四种“搭桥”策略对应的“核心人物”的限制度指标

| | 策略一 | 策略二 | 策略三 | 策略四 |
|---|---|---|---|---|
| Constraint 指标 | 0.396 | 0.432 | 0.440 | 0.463 |

研究发现，若将中心节点及与其相连的线移除，剩余边缘节点通过“搭桥”所形成的网络越是对称，分布越是均匀，中心节点的约束性指标越高，也就是说其结构洞越少，即该策略越能削弱中心节点的垄断地位。

7.6.2 充分利用非正式沟通网络的作用

通常在一个R&D团队中，管理层一般很难直接控制和调整技术信息沟通网络，因为领导无法控制一个成员是否向其他成员请教或者向谁请教技术性问题。原因在于，频繁地向他人咨询专业意见，会使成员付出声誉受损的成本，尤其当彼此不熟悉时，这种成本是巨大的；相反地，当成员间关系亲密时，在专业咨询时付出的声誉成本就较小。社交培养起来的亲密关系，会鼓励成员在工作上的进一步沟通，因此，增进非正式组织间的社交培养无疑是克服成员间专业知识交流障碍的重要措施。研发组织中的管理层可以运用上述“搭桥”策略，通过各种能够控制成员间接触的方法（如组织结构的暂时改变、人员的调动、办公室的安排等）来调整非正式沟通网络，在网络中出现信息分布极不对称的情况时，通过有限的“搭桥”，使“核心人物”为中心的个人网络更对称，联系分布更均匀，以削弱其垄断地位，从而减小技术信息沟通网络中“核心人物”利用其充分具备的运用结构洞的优势蓄意阻断技术信息共享的风险。

### 7.6.3　识别并控制关键节点

企业在必要时建立技术信息数据库，在技术人才入职时就应完善相关个人资料的统计，如教育背景（所学课程、学历及专业、技能证书等）、职务背景（任职经历）、人格特质（性格特征、表达能力、兴趣爱好及交际能力）、职业规划、价值取向等，确保企业做出的岗位安排和激励措施与个人实际能力、发展意愿相匹配，进而提高研发成员潜在技术信息的利用率和流通效率。人才的技术信息数据库在有新员工入职后也必须定期实时更新，管理层只有保证时刻掌握关键节点的动态变化情况，才能分析关键成员个体可能掌握的潜在技术信息，明确与关键节点直接相联结的网络成员，增加他们之间的沟通渠道，优化他们之间的沟通途径，扩大技术信息共享的范围，适时地调整网络成员密度，同时能够避免因关键节点人物的离开而造成的团队内技术信息交流的阻滞。

由前面对沟通网络的具体分析可知，判断组织成员是否为“核心人物”，主要依据该节点所处网络中的中心性和结构洞情况，中心性指标越高，其所拥有的结构洞越多，该节点就越处于网络的核心位置，控制网络中技术信息的流向，如图 7-11 所示。

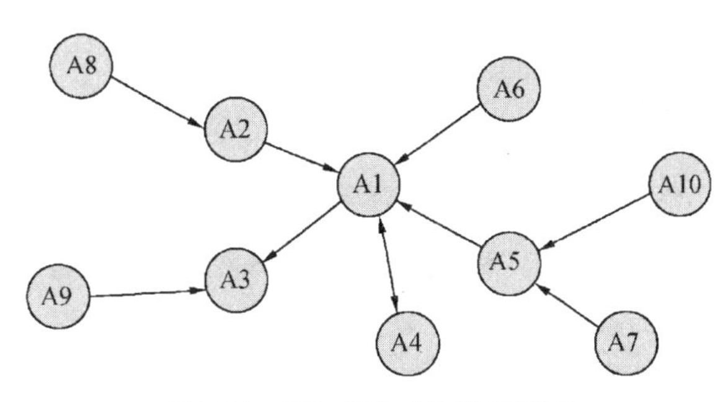


**图 7-11　高入度中心度关键节点**

从中心性和结构洞的角度判断，A1 就是该沟通网络的

“核心人物”，可以看出A1的点入度中心度远高于其他成员，表明Al是这个网络中信息和资源的汇集中心，网络中各种技术信息趋向A1流动。这样的信息交流模式，利于企业R&D组织中重要技术信息的汇集，从而利于企业R&D组织的技术创新；缺点在于网络中心度过高，这对成员A1本身的素质要求较高，它必须具备较高的专业技术水平、较强的沟通能力，以及将收集来的各类信息解码后重新整合的能力，并将信息妥善储存，而且能够在将信息汇集之后经过自身的重构达到新的技术创新，并为R&D团队所利用。事实上，这样的多元化人才很少，培养起来也很困难，并且每个成员的时间和精力是有限的，A1想要获得并维持较高的结构洞水平就必须投入大量的时间和精力，从管理层的角度来看，必须为这种多元化的人才匹配与之相符合的工作岗位及激励措施，一旦组织中此类关键节点的人才流失，将对该R&D团队内部信息的交流和共享带来不可估量的损失。

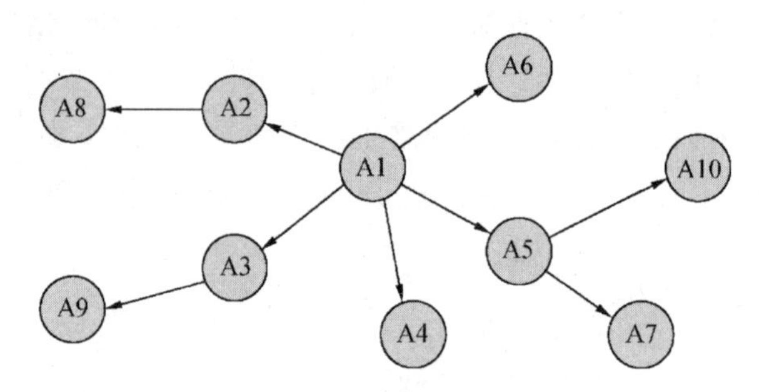


**图7-12　高出度中心度关键节点**

如图7-12所示，成员A1同样是该网络中的关键成员，区别在于A1的点出度中心度较高，表明成员A1是这个沟通网络中技术信息的重要扩散源，该网络中的技术信息主要从A1流出，这也表明成员A1有较强的信息凝结和储存能力，也有较好的信息沟通技巧。但由于部分信息具有相当的内隐性，必须经过长时间的研究和积累才有可能为其他成员个体所拥有，所以此类关键节点与其他成员共享的可能只是一些较为浅显易懂的技术信息，更复杂的信息受关键成员自身沟通意愿以及沟通能力和技巧的限制，可能不能完全地为所在网络的每个成员所利用。但是A1的高出度中心度也可能会导致R&D团队内的信息类型过于单一，整个团队内信息多元化程度低，这将不利于团队技术的创新，进而影响团队效率。

要想降低高出度中心度的关键节点对整个团队的影响，最直接的办法就是适当降低每个成员的点中心度。若R&D团队中某些成员如A1的中心性过高，并且此类关键节点的个数又过少，必然导致整个网络的技术信息的交流太过依赖这些成员，只有降低这类成员的中心度，使得R&D组织内的信息交流趋于平均，减少信息的不对称现象，才能做到合理配置团队中的信息资源。一方面，管理层可以从团队外部吸纳人才，削弱高中心性节点的控制，使其他节点将信息分流；另一方面，管理层应当定期指派一些综合素质较高的成员向这些高中心度的节点学习，加快技术信息流动速度，在网络内部培育新的信息交流的集中点。

### 7.6.4 适时调整组织机构

R&D团队沟通网络的形态及特点往往不完全取决于技术信息获取的需要，常常受组织结构划分的影响，团队中的成员个体可能更倾向于和组织结构设置（本书中为研发中心分中心的划分）所形成的内部成员进行沟通。在选择的研究对象中，非正式沟通网络所形成的小团体几乎与部门设置划分（即研发分中心的划分）的成员完全重合，如图7-5圆圈中所示。这并不奇怪，因为建立一个组织或团队的目的之一就是缩短沟通渠道、提高工作效率，那些在工作上互相依赖的人或者在工作中需要相似专业技术的人通常会被分配到同一个部门。因此，想要真正提高R&D团队的效率，必须鼓励团队成员与其团队内部方方面面的相关个体建立广泛联系。

7.6.5　联结孤立点

从前面的分析可以看出，网络中经常有成员因为与其他成员沟通过少而成为孤立于群体之外的节点，或者处在网络的边缘地带，这些成员要么是刚刚加入企业的新员工，要么是自身性格相对比较内向的员工。这类孤立成员或边缘成员的存在对整个团队来说是一种信息资源的浪费，在无形中就增加了团队的成本。针对孤立成员或边缘成员，首先应该分析该成员被孤立的原因，了解原因后管理层应该为该成员融入团队创造条件，促进其与其他成员的积极沟通，为提高整个网络的效率做贡献。并且注意在联结孤立成员的时候尽最大可能实现节点间联结的路径最短联系，另外，还可以通过相关培训不断激发个人沟通意愿、提高交流能力，采取相应措施创造积极参与团队信息交流的组织氛围，构建利于信息交流的途径和组织环境等。

7.6.6　培养“灵活人物”

所谓灵活人物是指网络中的那些善于沟通、人际关系好的成员，并且这些成员与各个部门都存在弱联结。网络中“灵活人物”的大量培养可以加快沟通网络中信息流动的速率，或者说，网络中的“灵活人物”的存在实现了网络中信息共享催化剂的作用。对于这类“灵活人物”，管理层应予以安排能实现其价值的职位角色，并且经常性地变动这类成员的工作岗位，不应将其固定在某个从事专门职能的岗位上，最大限度地利用其促进信息沟通和传播的潜在能力，此外，还可以将这类成员的交流方式和技巧在团队内广泛推广、组织其他成员学习。

# 第8章 江苏省电子信息行业的案例研究

## 8.1 江苏省电子信息技术扩散和吸收的状况分析

### 8.1.1 江苏省电子信息技术扩散和吸收的现状

江苏省是我国电子信息产业发展较早且最为发达的地区之一，也是全国重要的信息产业基地。改革开放以来，江苏省电子信息行业飞速发展，成绩显著，电子信息技术也是日新月异，扩散和吸收的状态较好。特别是从2004年开始，江苏省电子信息产业开始呈现跨越式发展，自2007年电子信息产业产值突破亿元后，2008年的产值便跃居全国第二位，占全国电子信息产业销售收入的23.66%，仅次于广东省，近年来，江苏省电子信息产业一直保持持续快速发展，在经历国际金融危机的冲击后，江苏省内的电子信息产业正在经历产业结构的调整和提升。截至2018年12月，江苏省电子信息行业实现工业销售产值15616.31亿元，与2017年同期相比增加了4.5%，位列全国第二。由此可见，江苏省电子信息行业共性技术的推广、扩散以及行业对技术的吸收都较为理想，江苏省电子信息行业的技术基础位居全国前列。

### 8.1.2 江苏省电子信息技术扩散和吸收的优势

目前，江苏电子信息产业技术基础良好，其共性技术扩散和吸收有以下优势：

第一，产业结构不断优化，全省电子信息行业的创新能力增强，技术扩散和吸收的能力也得到较大提升。例如，通信设备制造业、电子计算机制造业、电子元器件制造业等高端领域在整个行业中的比重不断提高，成为带动全行业发展的重要动力。2018 年比 2017 年江苏电子计算机制造业和电子元件制造业分别增长 5.4%和 13.5%；电子器件制造收入较 2017 年增长 10.4%，尤其是半导体分立器件市场份额达到 6.5%，排名全国第二位。此外，通信设备制造、广播电视台设备制造、家用视听设备制造也已经成为江苏电子信息行业中的重要子行业。

第二，积极推进五大关键技术，共性技术得到进一步的发展，有利于创新的扩散和吸收。近年来，江苏省在电子信息领域积极推进和突破关键技术，积极掌握了部分重点领域的核心技术。例如，软件领域：基于 Linux 操作系统的办公软件、数据库管理系统等基础软件，软件测试、架构技术。集成电路领域：SOC 设计平台与 IP 重用、超深亚微米级芯片制造工艺、高密度集成电路封装和测试、无线射频技术。新型显示领域：TFT-LCD、PDP、OLED 面板、模组制造、整机设计及背光、彩色滤光片等配套材料制造技术。计算机和通信领域：第三代移动通信（3G）、下一代广播电视网（NGB）及下一代通信技术协议、芯片、核心设备及整机制造技术，笔记本电脑、高性能服务器、并行计算机、海量存储设备等研发和制造技术，信息安全技术。新型元器件领域：光电子集成器件、光纤预制棒、传感器、新型电力电子器件、高端功率器件和电路制造技术，微机电系统技术，大功率高亮度 LED 芯片制备与封装技术。

第三，产品群竞争力较强，利润收益大，共性技术研发资金多，技术扩散和吸收的渠道也随之增加。2018 年，江苏已经形成软件、集成电路、平板显示、计算机及现代通信产业等

6大优势产业集群，占全省信息产业的比重达65%。2018年，江苏省微型计算机设备产量、笔记本计算机产量的市场份额分别达到36.84%、40.11%，居全国第一位。江苏省彩色电视机产量和半导体分立器件产量的市场份额分别达到14.67%和22.4%，居全国第二位。

第四，产业发展支撑能力不断增强，共性技术的平台建设加强，为共性技术的扩散和吸收提供了较为强大的支撑体系。通过加强公共技术服务平台建设，电子信息产业自主创新服务支撑体系不断完善。江苏省现有国家级大学科技园14个、省级大学科技园551个、国家级工程技术中心42个、国家级重点实验室32个，这些品牌创新机构已经覆盖了江苏省70%的省辖市，为江苏省的创新发展以及吸引外来投资产生了重要作用。至2018年，江苏省成立各类产学研合作办公室等工作机构253个；与企业建立稳定合作关系的省内外高校院所达941家；企业与高校院所合作项目16487项，累计投入1000多亿元；科技人员创办的在孵企业12000多家；通过产学研合作项目，吸引高校院所科技人员70000多人为企业服务；企业与高校院所建立“校企联盟”3000多个。

第五，企业竞争力不断提升，企业对共性技术的吸收能力明显提高，共性技术扩散和吸收的有效性大大加强。江苏电子信息企业加快从规模增长型向品牌效益型转变，企业竞争力不断提升。2018年，进入全国电子信息百强的企业有9家，涌现出中天科技集团有限公司、通鼎集团有限公司等一批具有自主知识产权和知名品牌、国际竞争力较强的优势企业。

## 8.2 江苏省电子信息行业的创新网络结构

由于区域内网络联接的复杂性和创新发生的隐性特征，研究区域内网络联接及其创新功能，难以采用合适的定量分析方法来进行准确的分析。因为，创新产出的本身比较难测定，譬如创新投入中的制度和文化因素等，是一种潜移默化的过程，目前难以定量化分析。所以，在调查研究江苏电子信息行业的创新网络过程中，尝试设计了“江苏电子信息行业创新网络”的调查问卷，分成苏南、苏中、苏北三个区域进行企业的创新网络调查，主要是为了更加明确江苏省以企业需求为中心的创新网络组成，以及江苏省共性技术创新网络同步的主要影响因子。在本次调查中，主要从R&D经费、R&D人员、R&D项目、R&D产出以及企业与各大研究机构的合作紧密度等五个方面入手，对江苏省电子信息行业内以企业需求为中心的创新网络进行调研和分析。本次调查中，共发放调查问卷200份，回收156份，其中有效问卷137份，有效率达到87.82%。

### 8.2.1 江苏省电子信息行业创新网络节点

创新网络主要包括组成创新网络的各个节点、各个节点之间的联接关系，以及各个行为主体在参与活动中导致网络内创新生产要素和资源的流动。

调查研究的创新网络节点主要包括企业、大学或研究机构、政府等公共组织机构、中介服务组织四个方面。江苏省电子信息行业的创新网络也是由这些节点之间的相互作用、协同创新而形成的。

企业：主要是指江苏省创新能力较为旺盛、目前能够进行正常生产经营活动的电子信息企业。

科研机构：主要包括高等院校和研究机构，高等院校主要是指江苏省内各类大学，特别是理工科类大学或具有应用性技术成果的综合类大学，如南京大学、东南大学、南京理工大学等；研究机构主要包括江苏省内政府研究机构和各类独立研究机构。

政府部门与机构：主要是指地方政府部门，包括江苏省政府以及各地级市政府等。

中介服务机构：主要是指江苏省内的创业服务中心、创业园等“孵化器”、各类行业协会以及律师、会计师事务所等市场中介机构，也包括商业银行机构以及商业投资公司和各种基金会等金融机构。

### 8.2.2　江苏省电子信息行业创新网络链接

江苏省电子信息行业创新网络的主要关系链接对各个主体之间的创新活动发挥着重要作用。创新网络中的关系链条主要是指各节点之间创新过程中知识、信息等资源的流动而建立起来的各种合作关系或联系，包括正式的市场产品或技术交易过程中的关系建立，也包括个体之间非正式的交流或知识交换建立的社会关系网络或个人关系网络。

以企业需求为中心的创新网络中，共性技术扩散主要涉及企业与大学或研究机构建立的合作关系，还有与政府、中介服务机构等所建立的关系。共性技术吸收主要是指企业内部管理者或技术人员之间建立的关系。这些关系网络，促进创新网络中共性技术知识和信息的流动、扩散和传递，也影响着江苏省电子信息行业社会资本的丰裕程度、交易成本的高低和知识、资源的积累与创新、升值过程以及电子信息类企业的生产效率和竞争力的获得。

同样，创新网络关系连结也存在于大学、研究机构、政府部门和中介服务组织等各个行为主体之间，通过彼此的相互交流与合作，加快共性技术的扩散、促进企业内部共性技术的吸收，从而加快以企业为中心，以共性技术扩散和吸收为背景的创新网络的同步和升级。

## 8.3 江苏省电子信息行业的创新网络结构

### 8.3.1 江苏省电子信息科研机构促进创新网络同步

科研机构在创新网络中主要作用是共性技术的源头，科研机构的共性技术研发成功与否直接影响共性技术的扩散和吸收效率，科研机构研发技术是应政府或者企业所需，其自身的强大是创新网络中共性技术得以成功研发的保证。

江苏省内现有高等院校 122 所，其中开展 R&D 活动的高等院校 66 个，占 54.1%。据 2018 年统计数据显示，江苏省内高等院校有研究机构 448 个、政府下属研究机构 149 个、各类独立的研究机构以及企事业单位办的非独立的研究开发机构 6093 个。其中，研究电子信息行业的研发机构约为 78 个，约占总数的 1.16%。本书主要从 R&D 费用、专利和人才供应等方面来体现科研机构促进创新网络同步。

(1) R&D 费用

相对企业来说，高校对 R&D 费用相对较少，这主要是因为高校的自主研究项目较少且多以理论研究为主，一般是应企业或者政府的要求开展技术性项目的研究，尤其对于共性技术这种基础性技术，投入大且研发周期长，高校的科研能力要壮大就必须依靠企业和政府的支持。

在调查中发现，被调查企业中近 90%的企业都与科研机构有合作关系或者拥有自己的技术工程中心和设有博士后流动站，其中与科研机构有长期合作的主要是高等院校科技园和工业园内的企业，大约占 70%，这些企业也长期地参与科研机构的项目研究，尤其是一些较为高端的电子信息技术。

根据调查以及相关资料，江苏省各设区市高校电子信息 R&D 费用如表 8-1 所示。

**表 8-1　江苏各设区市高校的 R&D 电子信息费用情况**

| 地区 | R&D 经费/万元 | 地区 | R&D 经费/万元 |
|---|---|---|---|
| 全省 | 8839.782 | 连云港 | 44.516 |
| 南京 | 5794.354 | 淮安 | 83.688 |
| 无锡 | 371.9 | 盐城 | 41.798 |
| 徐州 | 611.642 | 扬州 | 255.7 |
| 常州 | 153.664 | 镇江 | 568.03 |
| 苏州 | 792.21 | 泰州 | 33.072 |
| 南通 | 89.208 | 宿迁 | 0 |

由表 8-1 可以看出，江苏省的科研力量主要集中在苏南一带，苏中、苏北科研力量较为薄弱。因此，江苏省科研机构的 R&D 费用主要集中在苏南一带的高校和科研机构中，以南京、苏州和镇江三个城市为主，苏中以扬州为主，苏北以徐州为主。根据数据统计，在江苏省电子信息行业中，高等院校独立完成的项目经费约 0.42 亿元，占 74.5%；与国内企业合作项目约 0.05 亿元，占 7.8%；与国内独立研究机构合作项目约 0.056 亿元，占 9.7%；与国内其他高校合作项目约 0.039 亿元，占 6.7%；其他合作形式项目 0.007 亿元，占 1.3%。

（2）专利

专利量的多少能够体现出一个地区的科研情况，江苏省的专利申请量和授权量历年来都在全国名列前茅。江苏省拥有高校数居全国第二，尤其是南京大学、东南大学等高校的综合实力高居全国高校排名前列，知识力量雄厚，人才资源也很充足，这些都为江苏省各行业的发展奠定了坚实的基础，更为江苏省强势行业之一的电子信息行业的发展和技术更新提供了得天独厚的优势。

虽然高校和研究机构作为专利的主体，但由其自身申请并被授权的专利数在专利总量中的比例较少，这主要是因为大多数专利是由企业申请并授权科研机构进行研究的。在问卷调查中，90％的企业是授权或者跟科研机构合作研发新的技术，只有5％左右的企业表示自己有专门的科研人员和研究室。此外，95％的企业表示多数的专利授权以外观设计为主、实用新型为辅，核心技术的突破较为困难，目前在电子信息行业的新发明较少，还在进一步的研发当中。

根据相关调查显示，以南京为首的苏南地区科研机构的专利授权量明显高于苏中和苏北，泰州和宿迁的专利授权量几乎为零，由此可见，江苏省的科研实力存在较大的极端现象，为共性技术的扩散和吸收带来了一定的阻碍。

（3）人才供应

人才是电子信息行业的重要储备。创新网络中的技术人才主要来源于高校和研究机构，因此人才供应是反映科研机构实力以及促进创新网络同步的一个重要指标。专业的技术人员是技术知识的主要存储者和传递者，也是企业的中流砥柱，企业要有所发展，必须依靠专业技术人员发挥他们的知识专长和技术能力。

在问卷调查中，94.6％的企业都会招聘应届毕业生，并且认为专业对口很重要，而仅有5.4％的企业更加偏向于招聘有工作经验的人员。此外，高校在校生也是企业人才储备的一个重要来源。调查显示，85％的企业接受高校学生兼职或者寒暑假实习，尤其是与科研机构有长期合作的企业，他们认为高校学生的接受能力较强，能够较好地结合本身的专业知识与实际操作技能，同时超过60％的企业表示更愿意接受合作高校的学生实习，不仅专业更加对口，而且也加强了企业和高校之间的信任。在调查中还得知，企业实习生多以本科生和研究生为主，博士生和少数研究生还会跟进企业项目的研究。

近年来，随着高校综合实力的上升，江苏省电子信息行业人才层出不穷，由于江苏电子信息行业发展快速，优势凸显，电子信息专业技术人才也一直是需求前列，电子信息相关专业也成为江苏省众多高校的品牌和特色专业，如信息与计算科学、通信工程等。根据调查，企业中电子信息类人才需求结构为博士 5%、硕士 26%、本科 61%、专科 8%。

### 8.3.2　江苏省电子信息企业促进创新网络同步

企业是创新网络研究的核心，也是共性技术的最终落实者。企业在共性技术的扩散和吸收中都占主导地位，对创新网络同步产生重要影响。至 2018 年 12 月，江苏省电子信息行业企业单位数、全部从业人员年平均人数分别是 3000 个和 156 万人，资产总额、负债总额、累积利润分别同比增长 16.06%、11.6%、10.74%。调查发现，江苏省电子信息这种技术型的行业，企业在发展与创新中的原动力还是来源于企业内部技术、制度和管理等方面的不断创新，成功引进一项新的技术也依赖于自身的不断进步和自身专有技术的改进。尤其是处在信息时代，电子信息行业的发展日新月异，产品的更新速度也很快，技术的改进关系到企业的生存。在调查中，86%的企业表示企业的技术创新主要依赖内部技术的及时改进和创新，同时表示企业的内部技术创新是迎接外部新技术，尤其是共性技术等基础技术的重要保证。

案例主要从电子信息企业的员工培训、企业 R&D 经费投入以及产品产量三个方面来研究企业与创新网络同步的关系。

（1）员工培训

员工培训几乎是每个行业技术扩散和吸收的重要环节，这不仅能从整体上提高企业的素质水平，而且作为技术的重要传递者和吸收媒介，员工技术水平直接影响企业技术的吸收效率，从而影响创新网络的同步效率。

据调查，100%的电子信息企业都很注重员工的培训，尤其是对新员工的培训更重视。大部分企业认为，新员工有工作经验的人居少数，多为应届毕业生，虽然有较为扎实的专业功底，但是缺乏实践经验。适当且有效的培训能够让新员工更详细地了解企业文化和工作流程，对员工的入职有良好的帮助。此外，企业对于骨干技术人员的培训也较为积极，尤其是当引进一项新技术时，此项培训费用也相当的巨大，在调查中，27.6％的企业在引进某项技术前，都会派部分企业骨干出国学习，52.4％的企业派技术骨干进入合作研究机构参与新技术的研发过程，以更好地掌握和学习核心技术，提高技术扩散率和吸收率。

（2）R&D经费投入

企业对R&D经费的投入主要是为了自身创新的需要，根据调查，江苏省电子信息企业主要集聚于苏中苏北，有50.5％的企业位于工业园内，近90％的企业都与科研机构有合作关系或者拥有自己的技术工程中心和设有博士后流动站，其中与科研机构有长久性合作的企业占75％，主要包括大学科技园内的企业和工业园内企业。

企业的R&D经费投入是技术研究和技术创新的主要来源之一，但是企业多是投入自身创新。调查显示，在共性技术等基础性技术的研究中，国有企业的R&D经费投入远远超过私营企业。而对于企业自身技术的改进，企业会根据自身需要寻找有能力的高校及科研院所进行项目研究与开发。通过这种途径，企业可以更快获取所需要的技术，实现技术和产品的创新，企业一般预先支付一定的开发费用，其余部分以股权或者销售额提成等形式给予科研机构，这样不仅为技术创新的资金链提供一定的资金保障，也实现了企业在科研中风险共担、利益共享的重要作用，为研发机构与企业的后续合作奠定了信任的基础。调查表明，长期的、相互信任的合作关系，可以有效地降低企业发展的交易成本，有利于企业的创新。图 8-1 为企业与科研院所合作图。

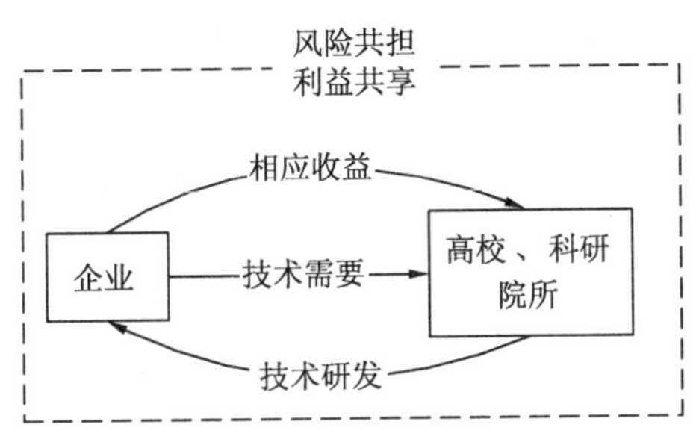


**图 8-1　企业与科研院所合作**

基于自身创新的 R&D 经费投入实际上是促进共性技术扩散和吸收最直接的有效方式，自身的技术素质提高了，掌握到的信息面也随之扩大，对于共性技术等基础技术的吸纳更加容易。

（3）产品产量

产品的产出量越大，说明产品市场越宽，受到消费者越多的认可，也说明产品技术研发得越成功，创新网络内共性技术的同步效果也体现得越明显。表 8-2 为 2018 年 1—11 月江苏主要电子产品的产量。

**表 8-2　2018 年 1—11 月江苏主要电子产品的产量**

| 产品名称 | 单位 | 产量累计 | 同步增长 |
| --- | --- | --- | --- |
| 移动通信基站设备 | 信道 | 184 | －28.1％ |
| 移动通信手持机（手机） | 万台 | 4364.45 | －27.4％ |
| 微型计算机设备 | 万台 | 5688.77 | 0.3％ |
| 数码照相机 | 万台 | 519.59 | －4.9％ |
| 集成电路 | 万块 | 520.90 | 13.8％ |
| 光电子器件 | 万只 | 5097.60 | －4.9％ |
| 组合音响 | 万台 | 430.38 | 6.7％ |

从表 8-2 可以看出，江苏省电子信息行业的主要产品中的手机、数码照相机以及光电子器件等产品的产量已经开始下

降，尤其是移动通信基站设备、移动通信手持机（手机）的产量已经减产近30%，由此说明该类产品的市场已经开始衰落，新技术的出台迫在眉睫。但是，集成电路、组合音响等产品产量仍然处于很强的上升趋势，这说明这些产品还有着很好的市场前景，采用技术较为先进，技术模仿难度偏大。

### 8.3.3 江苏省中介机构促进电子信息创新网络同步

在我国，中介服务机构一般具有官方或半官方的性质。中介服务机构在为企业服务方面的作用和功能还有待改善，主要原因：一方面，企业本身对于中介服务机构的作用认识不足；另一方面，中介服务机构的一部分职能，在多数情况下由政府部门直接代替，中介机构的可依赖性不大，对于企业的吸引力不足。中介机构在促进创新网络同步中主要发挥桥梁的作用，降低企业与市场的信息不对称性，同时起到咨询和融资的作用。

在调查中，被调查企业都表示与中介机构有或多或少的关系，但是保持长久合作的企业不占多数，47.6%的企业表示已经加入行业协会和企业家协会，有58.4%却没有加入任何中介机构。对于企业来说，与中介机构联系的主要目的如表8-3所示。

**表8-3　企业与中介机构的联系情况**

| 动机 | 企业数 | 比 例 |
|---|---|---|
| 了解市场信息 | 70 | 0.510949 |
| 政策咨询 | 25 | 0.182482 |
| 法律咨询 | 23 | 0.167883 |
| 企业规范 | 10 | 0.072993 |
| 技术咨询 | 5 | 0.036496 |
| 融资服务 | 4 | 0.029197 |
| 上岗培训 | 0 | 0 |

从表8-3中可以清晰地看到，对于企业而言，加入中介机构或与之联系的主要目的是了解市场信息，技术服务中心、法律咨询机构、融资机构等中介机构对企业的吸引力不明显，这主要是因为：第一，江苏省政府在很大程度上已经对电子信息行业基础技术的研究和开展提供了较多的便利；第二，电子信息产业较为集聚，有自己专门的法律咨询团队和培训机构；第三，开展信息共性技术的研发，风险较大，回收效益周期长，金融机构在没有政府担保的情况下很少贷款给企业。由此可以看出，江苏省电子信息行业的中介机构在创新网络同步中的作用主要是提供信息，加强企业内外部网络的信息对称，从而加快技术的扩散和吸收。

### 8.3.4　江苏省政府机构促进电子信息创新网络同步

政府在创新网络中的作用主要是一个引导者，尤其是在共性技术这类公共性质的技术，需要政府积极牵头，在政策、财政上给予支持。在调查中，75.3%左右的企业认为，政府在企业成立初期发挥的作用很重要，尤其是科技园内的企业觉得政府的支持为企业初期遇到的困难提供了很多的解决办法，如一些相应的优惠政策以及开办各种研讨会进一步加强校企之间的合作关系等。18.5%的企业认为政府营造的软环境较好，已经大有改善，但超过27%的企业认为政府在法制的那个方面的措施需要加强，如专利保护等。案例主要从政策和项目参与两个方面来体现政府对创新网络同步的促进作用。

（1）政策

政府出台各类政策对电子信息产业的发展有良好的促进作用，特别是近年来，江苏政府机构以贷款贴息、研发和产业化补助、政府采购、资本金注入等多种方式引导社会资金投向电子信息产业领域，不仅建立了多元化的投入体系，而且让江苏电子信息产业的销售市场得到了进一步的拓宽。此外，随着各种税收优惠政策的推出，如对科技含量高的电子信息产业给予税收政策扶持，电子信息产业可以享受流转税、所得税等多方面的优惠；新办软件生产企业经认定后，自获利年度起，第一年和第二年免征企业所得税，第三年至第五年减半征收企业所得税等，加快了江苏电子信息产业的集聚，新生企业也逐年增多。江苏电子信息行业竞争一直以来就很激烈，新生企业不断增加，电子信息产业集聚的趋势越来越强，根据调查发现江苏省各级政府机构采取的措施已经开始见效，不仅有效地推动了企业的诞生和成长，而且为企业的进一步创新和发展创造了良好的环境。

此外，在拓宽融资渠道方面，江苏政府机构鼓励金融机构为产业发展提供更多融资服务，推进银企合作，积极向金融机构推荐重点融资项目；支持金融创新，探索开展出口退税、保单、仓单以及知识产权等质押贷款，规范发展股权质押贷款；对苏南向苏中苏北转移的重点产业项目，优先给予信贷支持，并支持有条件的企业利用企业债、公司债、短期融资券和中期票据等债务融资工具，增加直接融资规模；开展中小企业集合债券、集合短期融资券试点，促进股权投资基金行业规范健康发展和发展风险创业投资。

（2）项目参与

江苏省围绕提升电子信息产业核心竞争力，重点培育和壮大软件、集成电路、新型显示器件、现代通信以及信息技术应用五大子行业，进一步推进沿沪宁线电子信息产业带建设，增强产业配套能力，推进重大项目建设，在集成电路、软件、新型电子元器件、网络通信设备及终端等领域形成一批优势明显的产业集群；积极推进苏州信息产业、无锡微电子产业、南京软件产业国家级高技术产业基地建设，启动建设了 10 家以上省级高技术产业基地，形成产业特征明显、产业集聚度高、辐射带动作用大、自主创新能力强、公共性服务平台完善的电子信息产业集群。

此外，江苏政府积极加强苏中苏北电子信息产业的承接和提升，推进南北共建开发园区，引导和支持苏中、苏北地区发展特色优势产品，促进苏南产业加快向苏北转移。推进宿迁苏州工业园、淮安富士康科技城、南通中新—苏通生态产业园建设，积极为苏南电子信息产业协作配套。近年来，江苏各级政府机构为推进电子信息产业发展而开展的项目工作如表 8-4 所示。

**表 8-4　政府机构的主要项目情况**

| 主导机构 | 辅助机构 | 项目工作任务 |
|---|---|---|
| 省信息产业厅 | 省发展改革委、经贸委、科技厅、统计局、广电局 | 推进信息产业稳定发展，提高在工业规模中的比重。实施软件“双倍增”计划 |
| 省发展改革委、信息产业厅 | 省经贸委、科技厅、财政厅、广电局 | 推进软件、集成电路、新型显示器件、现代通信等领域重大产业项目建设 |
| 省发展改革委 | 省信息产业厅、财政厅、科技厅 | 优化产业布局，加快沿沪宁线信息产业带和国家级、省级高技术产业基地建设 |
| 省发展改革委、科技厅、经贸委 | 省财政厅、工商局、质监局 | 增强自主创新能力和品牌升级，实施品牌战略 |
| 省财政厅、金融办 | 人行南京分行、省发展改革委、省经贸委、有关商业银行 | 加大投入，省级专项财政资金给予扶持，构建省信用再担保体系，推进银企合作 |
| 省国税局、外经贸厅 | 南京海关、省地税局 | 落实税收政策，推进进出口贸易政策的修改和完善、增值税转型改革 |
| 省人事厅、劳动保障厅 | 省科技厅、财政厅、教育厅、信息产业厅 | 支持企业引进高端人才，扩大就业 |

## 8.4 江苏省电子信息行业创新网络的问题和发展对策

### 8.4.1 江苏省电子信息行业创新网络存在的问题

根据调查资料以及上述分析，江苏省电子信息行业创新网络存在以下问题。

(1) 企业间信任度不够

在调查中，有46.5%的企业表示曾经和同行企业有合作关系，但是都偏向分包分销等市场营销方面，其中只有15%的企业表示跟企业有过技术合作开发，而保持长久的技术合作关系的企业不超过8%。在合作过程中，企业认为通过与同行业企业之间的合作，提高市场占有率、降低开发成本、提高产品的质量、增加信息渠道等；根据统计数据来看，虽然企业之间并不排斥相互合作，但是合作的深度不够，真正做到技术合作的企业不超过8%，归根究底还是企业间的信任度不够，为了各自的销售利益选择了保守的态度。

(2) 中介机构参与度不够

中介机构在创新网络中主要作用是降低技术的内隐性与不确定性，使技术更透明化，增强技术可转移率和吸收率。技术中介主要活动于技术供求双方之间，对技术的有效扩散和吸收起到协调与沟通的作用。在调查中有58.4%没有加入任何中介机构，而加入中介机构的企业多数是为了市场信息的获得。其中仅有18.2%、16.8%的企业在中介机构获得政策、法律方面的咨询，而为技术扩散和吸收起主要作用的技术咨询仅占3.6%，中介机构在创新网络共性技术扩散和吸收方面的参与度远远不够。

(3) 人才外流

江苏省是教育大省，并且南京市集聚的高校数达全国第二，江苏省电子信息行业发展迅速，再加上新生企业的崛起，人才资源的需求量越来越大。但是，在调查中发现，江苏省电子信息行业的人才流失较为严重。根据调查统计，72.6%的企业每年都会有人才流失的情况出现，尤其是新成立的企业或者名气不大的小企业。“北上广”是很多人的就业目标地，江苏距离上海近，不仅应届生争相涌向上海，而且企业原有职工跳槽去上海发展的情况也很严重。

### 8.4.2　江苏省电子信息行业创新网络的发展对策

(1) 完善政府政策，规范市场

在调查中，众多企业认为优惠政策、提高政府办事效率和打击盗版是政府最需要完善的三个问题。现在，江苏省各级政府虽然针对电子信息行业采取了很多有力的优惠措施，尤其是税收减免方面。但是在调查中，一些中小企业由于起点高、技术基础却不很牢固，政府虽然针对这类企业有具体的优惠措施，但由于电子信息类中小企业的竞争压力大，很多没有自己的品牌，只是给大企业做分销分包的工作，对大企业的依赖性较大。这类企业希望政府能够加大优惠政策或者延长优惠年限，让其发展自己的特色和品牌，提高企业的成长速度和存活率。此外，有企业表示，要政府签办的相关文件拖延时间较长，有时候延误商机或者错过机会；电子信息行业盗版较多，很多不法经营者模仿产品外壳迷惑消费者，给企业带来很大的负面影响，从而减少了企业的利润收入，尤其是手机市场，盗版情况很是猖獗。因此，企业希望政府能够在加大优惠政策力度的同时，提高办事效率，积极打击盗版，为企业的运营带来更多的便利。

(2) 积极促进边缘企业的产学研合作

在调查中，虽然有90%的企业表示跟科研机构有过合作关系，且70%的企业还表示与某些科研机构有长期的合作关系。但是这类企业多为科技园和工业园内或者距离较近的企业，距离科技园或者工业园较远的企业却很少跟科研机构保持合作关系。这种情况长期发展下去，会使边缘企业面临技术“跟不上”的危险，从而导致企业被市场淘汰，苏北的这种情况更为明显。由于苏南、苏中、苏北的经济水平和教育水平相差都较大，产学研的合作力度也存在很大的差别，从而使得科技水平的差距越来越大。很多企业希望政府积极牵线，将苏南的科研资源进行“北调”，在苏北建立固定的研究所和科研中心作为苏南科研力量的中转站，增加苏北的产学研合作机会，促进苏北电子信息行业的发展。

（3）强化中介机构的作用

中介服务机构的重要作用体现在帮助新成立企业获得产品市场和融资、投资机会，为企业提供优质的专业技术、投资和管理等服务，对降低企业成长初期的竞争风险起到良好的协调作用，从而帮助企业健康成长。新成立企业在发展中需要各类资源，包括优秀的人才资源、较完善会计法律服务、系统的人员培训以及完整的市场调查等。目前，江苏省电子信息类中介服务机构较好地满足了市场信息方面的提供，但要做到较为全面地满足企业需求还要不断地发展和扩大。为了更好地发展中介机构的作用，不仅需要充分发挥各创业中心、科技园等的作用，以促进创新性企业源源不断地繁殖和衍生；另一方面，积极发挥企业协会的作用，为企业及时主动地提供创新技术的服务，让更多企业感受到企业协会的更多好处，在扩大企业协会成员量的同时也能更好地完善中介机构的作用。

# 参考文献


[1] 邹樵．共性技术扩散机理与政府行为研究［D］．华中科技大学，2009.

[2] 邹樵．共性技术扩散的概念及其特征［J］．科技管理研究，2010（19）：142－145.

[3] 孙伟圣．上海共性技术研发推广的对策研究［D］．上海大学，2007.

[4] Tassey G. Underinvestment in public good technologies［J］．Journal of Technology Transfer，2005（30）：89－113.

[5] 李纪珍．产业共性技术供给体系［M］．北京：中国金融出版社，2004.

[6] 宋天虎．有关机械制造业发展的几点战略思考［J］．机械工业标准化与质量，2007（3）：4－8.

[7] 吴建南．科学基金管理绩效评估：基于项目资助与组织管理的视角［J］．科学学与科学技术管理，2010（7）：10－16.

[8] 吴贵生，李纪珍．国家创新系统中发展共性技术的对策研究报告［R］．国家科技部市场经济条件下国家创新系统的建设分课题之一，1999.

[9] 吴玉广．清洁加工技术改造传统设备的现状与发展［J］．新技术新工艺，2009（11）：65－68.

[10] 张超．我国技术创新体系运作机制的创新与探索［J］．

科技管理研究，2005，11：21-25.

[11] 周国红，陆立军. 基于科技型中小企业的产业集群创新能力提升 [J]. 科技管理研究，2006，26（2）：120-123.

[12] Mansfield E，Romeo A. Technology transfer to overseas subsidiaries by U. S.—based firms [J]. Quarterly Journal of Economics，1980（4）：737-750.

[13] Bass F M. A new product growth mode lfor consumer durables [M]. Management Science，1969，15（5）：215-227.

[14] Fisher J C，Pry R H. A simple substitution model of technological change [J]. Technology Forcast. Soe.，Change，1971，3：75-88.

[15] 王伟强. 技术创新扩散研究新思维 [J]. 云南科技管理，1994，2：15-19.

[16] 徐玖平，廖志高. 技术创新扩散速度模型 [J]. 管理学报，2004，3：330-341.

[17] Rogers E. Diffusion of innovations [M]. NewYork：The Free Press，1995.

[18] McFarlan F W，MCKenney J L. The information aiehiPelago-gaps and bridges [J]. Harvard Business Review，1982，60（5）：109-119.

[19] Nolan R L. Managing the crisis in data processing [J]. Harvard Business Review，1979，57：115-126.

[20] Meyer A D，Goes J B. Organizational assimilation of innovations：a multilevel contextual analysis [J]. Academy of Management Journal，1988，31（4）：897-923.

[21] Cooper R B，Zmud R W. Information technology

implementation research: a technological diffusion approach [J]. Management Science, 1990, 36 (2): 123-139.

[22] 陈文波．给予知识视角的组织复杂信息技术吸收研究[D]. 复旦大学，2006.

[23] 周素萍．基于技术创新网络的技术创新扩散吸收模型研究 [J]. 软科学，2009，23（10）：74-77.

[24] C. Freeman . Networks of innovators: a synthesis of research issues [J]. Research Policy, 1991, 20 (5): 499-514.

[25] Imai K, Baba Y. Systemic innovation and cross-border networks: transcending markets and hierarchies to create a new techno-economic system [J]. Paris: OECD, 1991: 389-407.

[26] Hakanson L, Nobel R. Technology characteristics and reverse technology transfer [J]. Management International Review, 2000, 40 (1): 29-48.

[27] Nonaka I, Takeuchi H. The knowledge creating company: how japanese companies create the dynamics of innovation [M]. NewYork: Oxfoxd University Press, 1995.

[28] 吴传荣．高技术企业技术创新网络中知识转移研究 [D]. 湖南大学，2009.

[29] Jones T M. Instrumental stakeholder theory: a synthesis of ethics and economies [J]. Academy of Management Review, 1995 (20): 404-437.

[30] 吴贵生，李纪珍．技术创新网络和技术外包 [J]. 科研管理，2000，21（4）：33-43.

[31] 王大洲．企业创新网络的进化与治理：一个文献综述 [J]. 科研管理，2001，22（5）：76-103.

[32] 陈新跃，杨德礼，董一哲．企业创新网络模式选择研究 [J]. 科学管理研究，2002，20（6）：13-16.

[33] 刘卫民，陈继祥．创新网络、复杂性技术及其激励性政策研究 [J]. 中国科技论坛，2004（5）：56-59.

[34] 沈必扬，池仁勇．企业创新网络：企业技术创新研究的一个新范式 [J]. 科研管理，2005（3）：84-91.

[35] 百度百科．同 步 . http：//baike. baidu. com/view/541 — 80. htm.

[36] 张刚．混沌系统及复杂网络的同步研究 [D]. 上海大学，2007.

[37] 崔松艳．复杂网络的同步性与控制分析 [D]. 南京航天航空大学，2010.

[38] 陆君安．复杂网络的同步和拓扑机构的识别 [J]. 复杂系统与复杂性科学，2010（Z1）：19-23.

[39] 吴玮．复杂网络的同步性分析 [D]. 复旦大学，2008.

[40] Uzzi B. Social structure and competition in interfirm networks：the paradox of embeddedness [J]. Administrative Scence Quarterly，1997（42）：35-67.

[41] 李颖．跨项目团队知识共享研究 [J]. 科技进步与对策，2008，（2）：89-91.

[42] Ingram P，Roberts P. The prosperous community：social capital and public life [J]. American Prospect，1993（13）.

[43] 邝宁华，胡奇英，杜荣．强联系与跨部门复杂知识转移困难的克服 [J]. 研究与发展管理，2009（2）：20-25.

[44] Hansen M. Knowledge sharing in organization：multiple

networks, multiple phases [J]. Academy of Management Journal, 2005, 48 (5): 776 - 793.

[45] 杨瑞明，叶金福，邹艳．团队社会网络对团队知识共享作用机制的实证研究 [J]. 实践研究，2010，2 (33): 68 - 72.

[46] 蔡宁，潘松挺．网络关系强度与企业技术创新模式的耦合性及其协同演化——以海正药业技术创新网络为例 [J]. 中国工业经济，2008 (4): 137 - 144.

[47] Stephen Seresa, Erik Haitesb, Kevin Murphyc. Analysis of technology transfer in CDM projects: an update [J]. Energy Policy, 2009, 37 (11): 4919 - 4926.

[48] Moira Dectera, David Bennettb, Michel Leseurec. University to business technology transfer—UK and USA comparisons [J]. Technovation, 2007, 27 (3): 145 - 155.

[49] Lee A H I, Wang W M, Lin T Y. An evaluation framework for technology transfer of new equipment in high technology industry [J]. Technological Forecasting and Social Change, 2010, 77 (1): 135 - 150.

[50] Carolin Haeussler, Holger Patzelt, Shaker A. Strategic alliances and product development in high technology new firms: the moderating effect of technological capabilities [J]. Journal of Business Venturing, 2012, 27 (2): 217 - 233.

[51] Esteban García-Canal, Ana Valdés-Llaneza, Pablo Sánchez-Lorda. Technological flows and choice of joint ventures in technology alliances [J]. Research Policy, 2008, 37 (1): 97 - 114.

[52] Yukika Awazu. Managing technology alliances: the case

for knowledge management [J]. International Journal of Information Management, 2006, 26 (6): 484 - 493.

[53] Stene E O. An approach to a science of administration [J]. American Political Science Review, 1940, 34 (6): 1124 - 1137.

[54] Nelson Richard R, Winter Sidney G. An evolutionary theory of economic change [J]. Cambridge: Harvard Business School Press, 1982.

[55] 杨光，刘潇．再生数 R 的计算及其控制策略 [J]. 生物数学学报，2008，23 (4)：750 - 756.

[56] Gersick C J, Hackman J R. Habitual routines in task-performing groups [J]. Organizational Behavior and Human Decision Process, 1990, 47.

[57] Prahalad C K, Hamel G. The Core competencies of the corporation [J]. The Harvard Business Review, 1990.

[58] Prahalad C K, Hamel G. Strategy as a field of study: Why search for a new paradigm [J]. Strategic management journal, 1994, 15 (S2).

[59] Feldman M S. Organizational routines as a source of continuous change [J]. Organization Science, 2000, 11 (6).

[60] Winter S G. Economic 'natural selection' and the theory of the firm [J]. Yale Economic Essays, 1964.

[61] Cohen M D, Bacdayan P. Organizational routines are stored as procedural memory: evidence from a laboratory study [J]. Organization Science, 1994, 5 (4).

[62] Burns J, Scapens R W. Conceptualizing management accounting change: an institutional framework [J].

Management Accounting Research，2000，11（1）.

[63] Costello F J，Keane M T. Efficient creativity：constraint-guided conceptual combination [J]. Cognitive Science，2000，24（2）.

[64] Edmondson A C，Bohmer R M，Pisano G P. Disrupted routines：team learning and new technology implementation in hospitals [J]. Administrative Science Quarterly，2001，46（4）.

[65] Cohendet P，Llerena P. Routines and incentives：the role of communities in the firm [J]. Industrial and Corporate Change，2003，12（2）.

[66] Liao L F. Knowledge-sharing in R&D departments：A social power and social exchange theory perspective [J]. The International Journal of Human Resource Management，2008，9（10）：1881－1895.

[67] 冯博，刘佳．大学科研团队知识共享的社会网络分析 [J]. 科学学研究，2010，25（6）：1156－1164.

[68] Molm L D. Denpendence and risk transforming the structure of social exchange [J]. Social Psycology Quarterly，2005，57.

[69] Freeman，Linton C. Centrality in social networks conceptual clarification [J]. Social Networks，1979.

[70] Sparrowe R T，Liden R C，Wayne S J，et al. Social networks and the performance of individuals and groups [J]. Academy of Management Journal，2007，44（2），316－325.

[71] Ibarra H. Personal networks of women and minorities in management：a conceptual framework [J]. Academy of

Management Review, 1993, 18: 56 - 87.

[72] Luo Jar Der. Particularistic trust and general trust-A network analysis in chinese organizations [ J ]. Management and Organizational Review, 2005, 1 (3): 437 - 458.

[73] Hernandez A G, De los Reyes Lopez E. Analysis of the relationship between the properties of the social network of R&D groups and their scientific performance. Sociology, 2008.

[74] Balkundi P, Harrison D A. Ties, leaders, and time in teams: strong inference about network structure effects on team viability and performance [J]. Academy of Management Journal, 2006, 49 (1): 49 - 68.

[75] Oh H, Labianca G, Chung M H. A multilevel model of group social capital [ J ]. Academy of Management Journal, 2006, 31 (3): 569 - 582.

[76] Balkundi P. Ties and teams: a social network approach to team leadership [D]. Doctoral Dissertation, the Pennsylvania State University, 2004.

[77] Krackhradt D. Gragh theoretical dimension of information organizations [ J ]. Computational Organization Theory, 2005 (25): 89 - 111.

[78] Mehra A, Kilduff M, Brass D J. The social networks of high and low self-monitors: implications for workplace performance [ J ]. Administrative Science Quarterly, 2009, 46: 121 - 146.

[79] Burt R S. Structural holes: the social structure of competition [M]. Cambridge, MA: Harvard University Press. 1992.

[80] Moreno J. Who shall survive? [M]. New York: National Institute of Mental Health, 1934.

[81] White H C. Chains of opportunity-System models of mobility in organizations [M]. Cambridge: Harvard University Press, 1970.

[82] 罗家德．社会网络分析讲义 [M]. 北京：社会科学文献出版社，2005，4.

[83] Granovetter M. The strength of weak ties [J]. American Journal of Sociology, 1973, 78: 1360 - 1380.

[84] Granovetter M. Economic action and social structure: the problem of embeddedness of Sociology, 1985, 91 (3): 481 - 510.

[85] Rogers E M. Diffusion of innovations [M]. New York: The Free Press, 1995.

[86] Lin N. Social capital: a theory of social structure and action [M]. Cambridge: Cambridge University Press, 2001.

[87] Kilduff M, Tsai W. Social networks and organizations [M]. London: SAGE, 2003.

[88] 陈荣德．组织内社会网络的形成与影响：社会资本观点 [D]. 台湾中山大学．2011.

[89] Wellman B. Structural analysis: from method and metaphor to theory and substance [M] //Berkowitz W B. Social Structures: a network approach. New York: Cambridge University Press, 1988.

[90] Freeman L C. Filling in the blanks: a theory of cognitive categories and the structure of social affiliation [J]. Social Psychology, 1992.

[91] Krackhardt D. MRQAP: analytic versus permutation

solutions [ J ]. Working paper, Carnegie Mellon University, 2003.

[92] Lin N, Dumin M Y, Woelfel M. Measuring community and network support [M]. Lin Lin. N. &Dean, A, 1986.

[93] Granovetter M. The new economic sociology: developments in an emerging field [M]. New York: Russell Sage Foundation, 2002.

[94] Feldman M S, Pentland B T. Reconceptualizing organizational routines as a source of flexibility and change [J]. Administrative Science Quarterly, 2003, 48 (1) .

[95] Chassang S. Building routines: learning, cooperation, and the dynamics of incomplete relational contracts [J]. The American Economic Review, 2010, 100 (1) .

[96] Rerup C, Feldman M S. Routines as a source of change in organizational schemata: the role of trial-and-error learning [J]. Academy of Management Journal, 2011, 54 (3).

[97] Volberda H W, Lewin A Y. Co-evolutionary dynamics within and between firms: from evolution to co-evolution [J]. Journal of Management Studies, 2003, 40 (8) .

[98] Aldrich H E, Pfeffer J. Environments of organizations [J]. Annual Review of Sociology, 1976, 2 (1).

[99] Hannan M T, Freeman J. Structural inertia and organizational change [J]. American Sociological Review, 1984.

[100] Giddens A. The constitution of society: outline of the theory of structuration [D]. University of California Press, 1984.

[101] Teece D J, Pisano G, Shuen A. Dynamic capabilities

and strategic management [J]. Strategic Management Journal, 1997.

[102] March J G. Exploration and exploitation in organizational learning [J]. Organization Science, 1991, 2 (1) .

[103] Levinthal D A, March J G. The myopia of learning [J]. Strategic Management Journal, 1993, 14 (S2) .

[104] Lant T K. Computer simulations of organizations as experimental learning systems: implications for organization theory [J]. Computational Organization Theory, 1994.

[105] Levinthal D A. Adaptation on rugged landscapes [J]. Management Science, 1997, 43 (7) .

[106] Murmann J P, Aldrich H E, Levinthal D, et al. Evolutionary thought in management and organization theory at the beginning of the new millennium: a symposium on the state of the art and opportunities for future research [J]. Journal of Management Inquiry, 2003, 12 (1) .

[107] Baykara Tarik, Özbek Sunullah, Cerano ğlu Ahmet Nuri. A generic transformation of advanced materials technologies: towards more integrated multi-materials systems via customized R&D and innovation [J]. The Journal of High Technology Management Research, 2015, 26 (1) .

[108] Bočková N, Meluzín T. Electronics Industry: R&D investments as possible factors of firms competitiveness [J]. Procedia-Social and Behavioral Sciences, 2016, 220.

[109] Hans T W, Frankort. When does knowledge acquisition in R&D alliances increase new product development The

moderating roles of technological relatedness and product-market competition. Research Policy, 2016, 45 (1).

[110] Walsh J N. Developing new categories of knowledge acquisition, translation and dissemination by technological gatekeepers [J]. International Journal of Information Management, 2015, 35 (5) .

[111] Benjamin Montmartin, Marcos Herrera. Internal and external effects of R&D subsidies and fiscal incentives: empirical evidence using spatial dynamic panel models [J]. Research Policy, 2015, 44 (5) .

[112] Young-Han Kim, Bonju Gu. Strategic R&D subsidies and product differentiation with asymmetric market Size [J]. Procedia Economics and Finance, 2015, 30.

[113] Vaida Pilinkiene. R&D investment and competitiveness in the baltic states [J]. Procedia-Social and Behavioral Sciences, 2015, 213.

[114] Smit M, Leijtens X, Ambrosius H, et al. An introduction to InP-based generic integration technology [J]. Semiconductor Science and Technology, 2014, 29 (8) .

[115] 盛亚，李玮．强弱齐美尔连接对企业技术创新的影响研究 [J]. 科学学研究，2012，30 (2)：301 - 311.

[116] 马名杰．我国共性技术政策的现状及改革方向 [J]. 中国经贸导刊，2005 (22)：23 - 25.

[117] 鲍健强，陈玉瑞，共性技术与区域性科技创新体系研究 [J]. 浙江工业大学学报（社科版），2004，3 (1)：1 - 7.